生动有趣的案例让你更能全面了解5G应用的场景

5G来了

5G如何改变生活、社会与产业

蔡余杰◎著　郑明智　张传福◎审

5G优化人们的生活方式
5G推动人类社会不断进步

5G变革传统产业，创建美好未来
5G融入新兴产业，推动产业发展

人 民 邮 电 出 版 社
北 京

图书在版编目（CIP）数据

5G来了 : 5G如何改变生活、社会和产业 / 蔡余杰著
. -- 北京 : 人民邮电出版社, 2020.5(2020.12重印)
ISBN 978-7-115-53418-7

Ⅰ. ①5… Ⅱ. ①蔡… Ⅲ. ①无线电通信－移动通信
－通信技术 Ⅳ. ①TN929.5

中国版本图书馆CIP数据核字(2020)第038010号

内 容 提 要

随着5G进入商用时代，人们更加关注未来5G的应用会带来哪些新变化。本书从5G的发展史开始讲起，详细讲述了5G将会如何优化人们的生活方式、推动人类社会的进步、变革传统产业，探究了5G与新兴产业的融合，并大胆畅想了“后5G时代”的通信发展和人类生活，有助于读者全面了解5G带来的生活和社会变化。

◆ 著　　　　蔡余杰
　审　　　　郑明智　张传福
　责任编辑　单元花
　责任印制　彭志环
◆ 人民邮电出版社出版发行　　北京市丰台区成寿寺路11号
　邮编　100164　　电子邮件　315@ptpress.com.cn
　网址　http://www.ptpress.com.cn
　北京九州迅驰传媒文化有限公司印刷
◆ 开本：700×1000　1/16
　印张：12.25　　　　　　2020年5月第1版
　字数：147千字　　　　　2020年12月北京第7次印刷

定价：59.00元

读者服务热线：(010)81055493　印装质量热线：(010)81055316
反盗版热线：(010)81055315
广告经营许可证：京东市监广登字20170147号

序　言

从 1G 到 4G，移动通信已经深刻地改变了人们的生活，但人们对美好生活的追求从未停止，因此需要更高性能的移动通信。为了应对未来爆炸性的移动数据流量增长、海量的设备连接、不断涌现的各类新业务和应用场景，5G 应运而生。

国际标准化组织从 2017 年就开始制定 5G 移动通信标准。3GPP 5G 标准化工作主要集中在 R15 和 R16，包括无线接入网及核心网。R15 标准一共分 3 个阶段，第二阶段的 R15 标准在 2018 年 6 月冻结，能够实现新空中接口技术框架，支持行业基本应用，支持网络切片，主要面向 eMBB 场景；R16 则致力于为 5G 提供完整的竞争力，支持 D2D、V2X、增强实时通信等功能，满足 uRLLC 及 mMTC 增强场景。

依托移动通信、大数据、云计算和人工智能等技术的发展，人类社会正从信息时代跨入智能时代，开始第四次工业革命，这一切将驱动人类社会迈向发展的新纪元。5G 已经成为全球移动通信新一轮信息技术变革的重点，不同于以往的移动通信系统，5G 超越了移动通信的范畴。5G 将渗透未来社会的各个领域，以用户为中心构建全方位的信息生态系统。5G 将使信息突破时空限制，提供极佳的交互体验，为用户带来身临其境的信息盛宴；5G 将拉近万物的距离，通过无缝融合的方式，便捷地实现人与万物的智能互联。5G 将为用户提供光纤般的接入速率，“零”时延的使用体验，千亿设备的连接能力，超高流量密度、超高连接数密度和超高移动性等多场景的一致服务，业务及用户感知的智能优化，同时将为网络带来超百倍的能效提升和超百倍的比特成本降低，最终实现“信息随心至，万物触手及”的总体愿景。

5G 通信技术为应对三大通信场景（eMBB、mMTC、uRLLC）提出了切实有效的实现方案，距离达到通信终极愿景（任何人在任何时间、任何地点与任何人进行任何类型的信息交换）又近了一步。

5G 网络将会满足高度移动和全面连接社会的要求，随之带来的连接对象和设备总量的激增，将会为各种新型服务和相关业务模式铺平道路，从而在能源、移动医疗、智能城市、车联网、智能家居、工业制造等各行各业中实现自动化和智能化。除了更普遍的以人为中心的应用（如虚拟和增强现实、4K 视频流等），5G 网络还将支持机器对机器（M2M）和机器对人类（M2H）应用的通信要求，将会为人类生活带来更多的安全和方便。与人与人之间的通信相比，自动通信的设备之间创建的移动数据必将具有明显不同的特征。人类中心和机器类型应用的共存要求 5G 网络必须支持非常多样化的功能，并满足多维度的关键性能指标（KPI）。为满足上述需求，需要 5G 网络整体架构具有极大的灵活性。

2019 年 10 月 30 日，中国三大运营商同时宣布 5G 正式商用，2019 年是 5G 商用元年，未来几年将会是 5G 建设的高峰期。

4G 改变生活，5G 改变社会。

我很荣幸参加审阅《5G 来了：5G 如何改变生活、社会与产业》。本书面向对 5G 感兴趣的普通读者，以通俗的语言，从另一个角度，介绍了 5G 是如何改变生活、社会与产业的。在审阅过程中，我发现本书将一些 5G 专业技术用简单的案例或应用场景展示出来，读起来更加轻松、有趣。

本书首先介绍了国内外巨头争相逐鹿 5G、世界各国纷纷部署 5G 网络的情况；然后介绍了 5G 对传统产业的改变、5G 与新兴产业的融合，最后展望了未来移动通信的发展，以及给人们生活带来的变化。书中介绍了很多有关 5G 未来应用的场景，非常有意思，给大众认识 5G，了解 5G 将会给人们的生活带来哪些改变，打开了一扇窗。

张传福

前 言

近年来，媒体和各领域中关于5G的话题越来越多，它们或给人科幻感，或给人神秘感，甚至让人感到有些不切实际，种种关于5G的美好愿景都已经深深埋进人们的心中。如今,有人还处在谈论5G的阶段，也有人正在甚至已经看到5G变为现实。5G正大步向我们走来。

5G作为第五代移动通信技术，与之前的1G、2G、3G、4G相比，具有传输速率高、超低时延、超大容量的特点，通信能力更强，还能融合多业务、多技术，随时随地实现万物互联，为用户带来更加智能化的生活，从而打造以用户为核心的信息生态系统。可以说，5G不仅是一项技术，而且还可以通过技术形成一种改变世界的力量。

当前，4G已经不能满足用户对庞大流量的需求，5G则以一种全新的网络架构，实现网络性能的新飞跃，接棒流量市场，并进入商用时代，从而为人类带来一个充满无限遐想的美好新时代。

目前，5G技术的应用场景主要集中在以下3个方面。

增强移动宽带。典型的应用场景如高清视频音乐、视频影音，这样的应用场景对网速有极高的要求，以满足AR、VR的应用。

低时延高可靠通信。典型的应用场景如远程医疗、智慧金融、智能制造、智慧农业、智能零售、智慧物流、智慧保险等，低时延高可靠可以实现各领域的精确控制、精准操作。

海量机器类通信。典型的应用场景就是智慧城市，在5G与车联网、大数据、物联网、人工智能、云计算等产业深入融合之后，实现了人、机、物的全面互联，从而使城市管理具有了智慧的特征。

总之，5G 已经不再是纸上谈兵。无论是在汽车上，还是在十字路口；无论是在人声鼎沸的大都市，还是在郁郁葱葱的田间地头，都将会有 5G 的身影。

也正因此，各种与 5G 相关的产业应用、终端产品等成为资本投入的重点，5G 成为当前时代的一笔巨大的宝贵财富。与此同时，越来越多的生产厂商、科技巨头、运营商参与进来，并以合作或异业结盟的方式共同追逐 5G 市场的“大蛋糕”。

本书全面介绍了 5G 的发展史，阐述了 5G 在一些国家的部署计划，剖析了 5G 将如何改变生活、社会和产业，探究了 5G 在新兴产业领域的融合，并且大胆畅想了“后 5G 时代”。此外，本书还通过通俗易懂的语言和生动有趣的事例展示了 5G 背后所不为人知的变革世界的惊人力量。书中既有科学的严谨性，又不乏趣味性，将 5G 技术之美展现得淋漓尽致，有助于读者开阔视野，激发读者进一步探索科学的兴趣。

目前，4G 还未离我们远去，5G 又要“飞入寻常百姓家”，它将深刻改变你我的世界。希望本书能作为一扇窗，为读者打开一个全新的世界。

目　录

第一章
初识 5G：揭开 5G 神秘面纱

科技的发展日新月异，5G 承载着全球人的希望，缓缓而来，一场 5G 革命进入大众视野，给人们的生活带来不一样的体验和惊喜，同时也给整个社会带来了很大的改变。我们在为 5G 的诞生和应用欢呼雀跃之余，应当充分认识和了解 5G，揭开 5G 的神秘面纱。

移动通信技术的进阶

在2019年世界移动通信大会上，全球各大科技企业纷纷展示自己的顶尖科技和产品，5G以特有的魅力成为这次大会上“最靓的仔”，多款5G终端产品纷纷亮相。

即便5G产品已经进入大众视野，但很多人对5G还不甚了解。5G究竟与以往的1G、2G、3G和4G有哪些“血缘”关系？这是我们需要深入了解的。5G与1G、2G、3G和4G的区别，如图1-1所示。

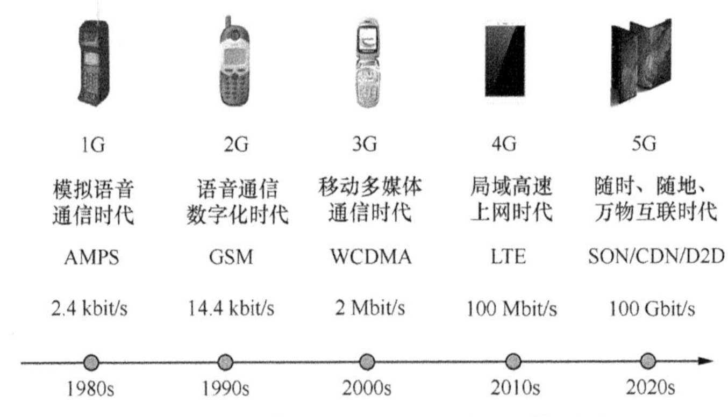

图1-1　5G与1G、2G、3G和4G的区别

将时间拉回人类通信的早期：近距离通信“基本靠吼”，远距离通信通常靠信件（如飞鸽传书、驿站送信）、烽火等。这两种信息传递方式存在极大的缺陷：一是信息内容容易被泄露或丢失；二是效率低下，不能做到实时通信；三是容易受到地理环境、天气的影响和限制。

1844年，美国的塞缪尔·莫尔斯（Samuel Finley Breese Morse），

经过多年来的苦心研究，发明了“莫尔斯”码，从此人类的通信时代进入了一个全新阶段。当第一条电报通过电报机传递出去的时候，意味着人类使用电传递信息取得了巨大的、里程碑式的成功。人类传递信息的速度、效率和安全性得到了极大的提升和保障，也由此拉开了现代通信的序幕。

1864 年，英国物理学家詹姆斯 · 克拉克 · 麦克斯韦（James Clerk Maxwell）通过一系列的研究，建立了一个重要的理论，从而预言电磁波的存在。1888 年，德国物理学家 H.R. 赫兹通过实验证实了电磁波的存在。1896 年，意大利人马可尼第一次用电磁波进行了长距离通信实验，从此人类的信息传递进入了一个无线电通信的新时代。

此后，移动通信技术便在迅速发展的过程中，先后经历了不同的发展阶段，1G、2G、3G、4G，直到如今 5G 的诞生。

1G：模拟语音通信时代

1986 年第一代移动通信技术，即 1G 的出现，标志着现代移动通信的开始，人类从此进入模拟语音通信时代。

1. 1G 技术

第一代移动通信技术即 1G，是 1986 年在美国芝加哥诞生的，它采用模拟信号传输。即将电磁波进行频率调制后，将语音信号转换到载波调制的[①]电磁波上，载有信息的电磁波发射到空间后，由接收设备接收，并从电磁波上还原语音信息，这样就完成了一次通话。

由于当时各国的通信标准不一致，第一代移动通信并没有实现“全球漫游”，这在一定程度上阻碍了 1G 的发展。1G 作为移动通信的“鼻祖”，是模拟技术，所以其容量有限，网络传输速率也只有 2.4kbit/s（千比特 / 秒），

① 载波：一种在频率、幅度或相位方面被调制以传输语音、音频、图像或其他信号的电磁波。

这样的网络传输速率一般只能实现语音信号的传输，不能上网。同时，1G 还存在语音品质低、信号不稳定、覆盖范围不够全面、安全性差和易受干扰、串号、盗号等问题。

1G 时代的主要通信系统为 AMPS，此外还有 NMT 和 TACS，当时加拿大，以及南美洲、澳洲和亚太地区已经广泛采用，而我国在当时移动通信产业领域的发展较为缓慢。直到 1987 年，我国首个 TACS 制式的模拟蜂窝移动电话系统在广东省建成，标志着我国正式进入 1G 时代。

（1）AMPS 系统

AMPS 是由美国当时最大的电信运营商 AT&T 开发的、最早的蜂窝电话系统标准。

到了 1973 年，手机才正式定型，当时一个基站只能同时容纳 4 个人打电话，而且只有将手机和基站连接后才能通话，当基站显示红灯时，就意味着这个基站被别人占了；当基站显示绿灯时，才可以给别人打电话。

所以，为了增大基站容量，AT&T 公司推出了 AMPS 系统。

什么是蜂窝技术呢？蜂窝技术是一种无线通信技术，采用基站提供无线覆盖服务。一个基站能够覆盖的范围不同，为了在服务区实现无缝覆盖并提高系统的容量，将一个大的区域划分为多个小的六边形的蜂窝区域，而这些小区域就被称作“蜂窝”，蜂窝技术因此而得名。为了减少对频率资源的需求和提高频谱利用率，需要将相同的频率在相隔一定距离的小区域中重复使用，从而使使用相同频率的小区域之间的干扰降到最低。

AMPS 系统使电话真正进入了商用阶段。从时间上看，美国最先研究蜂窝式移动通信系统，但在商用方面却落后于其他国家。世界上第一个商用移动通信网络于 1979 年在日本建成。两年之后，巴林和北欧也开始建立蜂窝式移动通信网络。直至 1983 年，美国研究的蜂窝式移动系统才正式投入商用。蜂窝网络如图 1-2 所示。

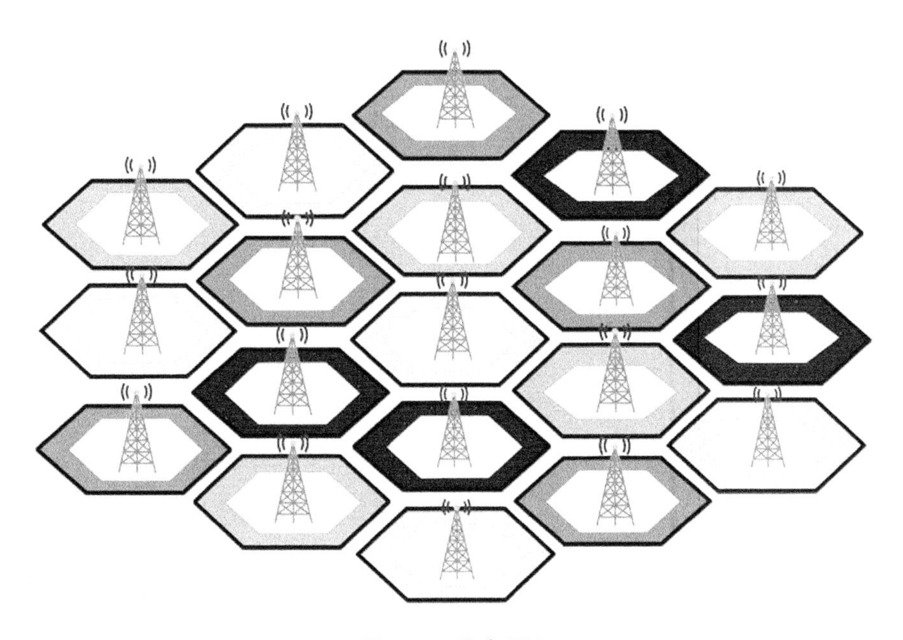

图 1-2 蜂窝网络

（2）NMT 系统

北欧移动电话（NMT）系统被瑞典、挪威和丹麦的电讯管理部门在 20 世纪 80 年代初确立为普通模拟移动电话北欧标准。NMT 系统也被俄罗斯的部分地区，以及中东和亚洲的一些国家或地区使用。

（3）TACS 系统

TACS 系统即全接入通信系统。该系统实际上是在 AMPS 系统的基础上的改进，它是一种模拟移动通信系统，提供了全双工、自动拨号等功能，与 AMPS 系统类似，将地域覆盖范围划分为小单元，每个单元复用频带的一部分以提高频带的利用率，实现了真正意义上的蜂窝移动通信。

2. 1G产品

移动通信技术最初的应用领域主要是航天与国防工业，摩托罗拉作为移动通信的开创者，最早也是在这一领域进行产品研发和创新的。

美国的摩托罗拉公司成立于1928年，后与美国陆军签订了合约，以协助其研发无线通信工具。1941年，摩托罗拉的第一款产品SCR-300问世。SCR-300就是我们常在电影中看到的美国大兵作战时背的通信装置。该设备重达16kg，看上去十分笨重，却能够实现12.9km范围内的通话，为作战时取得内部联系提供了很大的便利。

随后，摩托罗拉公司推出了风靡全球的“大哥大”。在早年的中国电影中，经常能看到“大哥大”的身影。我国在1G网络刚刚建成时，人们手中使用的移动通信设备都是从国外进口的，而且价格不菲。一部“大哥大”的售价高达2万元，在当时普通老百姓月薪不到百元的情况下，对于这种象征着地位和金钱的奢侈品，人们只能望尘莫及。所以，当时使用“大哥大”的人基本上都是商务人士。

“大哥大”作为第一代移动手提式电话，由于其电池寿命短、语音质量差，所以在1G时代，人们进行语音通话时很容易掉线。

在1G时代，我国的移动电话公众网主要是由美国摩托罗拉移动通信系统和瑞典爱立信移动通信系统构成。摩托罗拉的设备使用A频段，称之为A系统；爱立信的设备使用的是B频段，称之为B系统。这两个系统就是当时人们常说的A网和B网。

摩托罗拉作为模拟通信技术的先驱，在移动通信以及后来的计算机处理器领域中都是市场先锋，更是在1989年被评为世界上最具有前瞻性的公司之一。可惜的是，一代巨头最终还是因为没有跟上市场转型的发展趋势而陨落。

2G：语音通信数字化时代

到了 1995 年，随着通信技术的不断成熟，1G 退场，开始进入 2G 的辉煌时代，这也意味着人类开始进入语音通信数字化时代。

1. 2G 技术

与 1G 时代相比，2G 移动通信技术更进一步。它将语音信息变成数字编码，通过数字编码传输语音信息，然后接收端的调制解调器进行解码，把编码还原成语音，从而实现语音通话。1G 向 2G 的升级，实现了从模拟调制阶段到数字调制阶段的跨越。

2G 虽然语音的品质较差，但与 1G 相比，增加了数据传输服务，而且数据传输速率达到了 9.6 ～ 14.4kbit/s，最早的文字短信、来电显示、呼叫追踪也从此开始了。除此以外，2G 具有更高的保密性，系统的容量也得到了扩大。从这个时代开始，人们的移动通信工具——手机，真正进入了可以上网的时代。

1994 年，中国联通正式建成，也是我国第二家移动通信公司。2002 年，中国联通正式开始了 CDMA 的运营，也是我国最早使用 CDMA 技术的公司。

2G 时代的主要移动通信系统是 GSM，是 1990 年从欧洲发展起来的，另外还有 CDMA、TDMA 等。

（1）GSM 系统

GSM 系统即全球移动通信系统，俗称“全球通”，是第二代移动通信技术，是一种源于欧洲的移动通信技术标准。

与 1G 时代的系统大不相同的是，GSM 系统的信令和语音信道都是以数字的形式存在的，因此被看作 2G 时代的移动电话系统。它的出现实现了全球各地可以共同使用一个移动电话系统的愿望，用户使用一部手机就能行遍全球，再也不用担心通信的问题。

GSM系统能够实现“全球通”，因为它有一个关键的特征就是用户身份模块（SIM），也叫作SIM卡。SIM卡是一个可以保存用户数据和通信录的可拆卸智能IC卡。用户即便更换手机，在这张SIM卡上保存的信息也不会丢失。这也就是我们可以换很多自己喜欢的手机，却不用换手机卡的原因。

（2）CDMA系统

码分多址（CDMA）系统，应该是我们比较熟悉的系统，是中国电信的2G网络模式。

CDMA技术是将想要传送的具有一定信号的宽带信息数据，用一个带宽远远大于信号带宽的高速伪随机码进行调制，使原数据信号的宽带被扩展，之后再经过载波调制发送出去。

CDMA系统在1995年由美国国家标准委员会ANSI发布，该系统早期主要用于军用抗干扰通信技术，后来由美国高通公司进行创新，将CDMA推广成为商用蜂窝移动通信技术。CDMA系统在20世纪90年代末进入了黄金发展阶段，尤其是在1997年之后，CDMA的发展达到了高峰期。

作为CDMA的领导者，美国高通公司在芯片研发方面取得了飞速发展。

（3）TDMA系统

TDMA系统即时分多址系统，在一个宽带的无线载波上，将时间分割成周期性的帧，每一帧再分割成若干个时隙，在满足时间同步的条件下，基站可以分别在各时隙中接收到移动终端的信号而不受干扰，无论帧还是时隙都是互不重叠的。每个时隙就是一个通信通道，用户根据业务类型可占据一个或多个信道。

2. 2G 产品

2G 时代是诺基亚崛起的时代，诺基亚的出现，给我们的通信联络带来了很多便利。

第一款 GSM 手机就是诺基亚 7110，它的出现标志着手机真正进入上网时代，但当时的网络传输速率仅有 9.6kbit/s。

进入 2G 时代，也意味着移动通信标准争夺的开始。1989 年，欧洲就将 GSM 作为通信系统的统一标准并正式进入商业化阶段，同时在欧洲起家的诺基亚和爱立信开始攻占美国和日本市场。虽然摩托罗拉也在之后推出了 Star-TAC 经典产品，但依然无法挽回其没落的命运。就这样，在 1997 年，1G 时代的巨头没有了往日的辉煌，被芬兰一家以伐木造纸起家的名为诺基亚的公司击溃，摩托罗拉就此走下“神坛”。而市场争夺战仅仅用了 10 年的工夫，诺基亚便一跃成为全球移动手机行业的霸主，直到 iPhone 诞生。

3G：移动多媒体通信时代

2G 虽然比 1G 在技术上有了很大的提升，实现了短信、来电显示、呼叫追踪和手机上网，而且在效率上有了较大的提升，但随着人们对图片和视频的传输需求增加，2G 时代的网络显然不能满足新需求。2G 时代必然需要向更高阶段发展。

于是，继 2G 时代之后，移动通信技术再次进行创新和迭代，在 2000 年 3G 应运而生，以 CDMA 为主要技术基础，实现了通话和移动互联网的接入，意味着移动多媒体通信时代的到来。

1. 3G 技术

3G 时代与 2G 时代相同，依旧采取数字传输技术，不同的是，3G

通过开辟新的电磁波频谱、制定新的通信标准，使3G的传输速率有了更大的提高，达到了384kbit/s，在室内稳定的环境下，传输速率甚至可以达到2Mbit/s。另外，由于3G采用的频带更宽、系统容量更大、传输的稳定性更高，在传输过程中对大数据的传输更为普遍，能够实现全球范围的无缝漫游，为用户提供包括语音、数据和多媒体等多种形式的通信服务。由此，3G时代被认为开启了移动通信新纪元。

2009年1月7日，我国颁发了3张3G牌照，分别是中国移动的TD-SCDMA、中国联通的WCDMA和中国电信的CDMA2000，由此我国正式进入3G时代。

3G时代，存在的4种标准为：WCDMA、CDMA2000、TD-SCDMA和WiMAX。

（1）WCDMA系统

WCDMA系统即宽带码分多址，是一种3G蜂窝网络，是利用码分多址方法对3G的信息进行扩频，该技术被认为是3G时代的主要技术。它是一种由欧洲各大厂商联合日本等采用GSM标准的国家所成立的3GPP（第三代合作伙伴计划，3rd Generation Partnership Project）开发并制定的第三代通信标准。1996年，日本一家名为NTT DoCoMo的公司推出了WCDMA的实验系统方案，并得到了当时世界上主要的移动设备制造商的支持，从此WCDMA被推向商用阶段。

WCDMA系统能够支持移动/手持设备之间的语音、图像、数据以及视频通信。输入信号之后会被数字化，然后在一个比较宽的频谱范围内采用扩频模式进行传输。

2008年，国内通信行业重组，中国联通分拆双网，其中CDMA网络并入中国电信，保留GSM网络与中国网通组成新的联通集团。新联通正式成立之后，主要经营GSM网络和WCDMA网络业务。

（2）CDMA2000 系统

CDMA2000 是 CDMA 技术发展过程中的一个升级阶段。换句话说，CDMA2000 是 CDMA 的升级版，CDMA 是 2G 网，CDMA2000 是 3G 网络。CDMA 在我国最早是由中国联通引入国内的，但后来国内通信行业重组，中国电信将中国联通分拆双网后的 CDMA 网络并入自己麾下，之后便在 CDMA 的基础上进行迭代，获得了 CDMA2000 牌照。

中国电信成立于 2000 年 9 月，虽然它是最后一个进入移动市场的运营商，但在移动通信市场有惊人的表现。2009 年，中国电信获得了 CDMA2000 牌照，随后便迅速建立起了一个覆盖全网的 CDMA2000 网络，并且凭此网络，用户数量超过中国联通的 1.49 亿用户。

（3）TD-SCDMA 系统

TD-SCDMA 系统即时分 - 同步码分多址，该技术将智能天线、同步 CDMA 和软件无线电等技术融合在一起。此外，该技术还采用了时分双工①，使上行和下行信道的特性基本一致，这样基站根据接收的上行信号来估计下行信道特性时就会很容易。TD-SCDMA 在频谱利用率、灵活性、减少用户间干扰方面体现出很好的优势，同时还具有成本优势。

TD-SCDMA 是我国原邮电部电信科学技术研究院（后更名为“大唐电信科技产业集团”）于 1998 年提出来的。经过两年来多次向国际电信联盟提交之后，终于不负众望，我国的 TD-SCDMA、美国的 CDMA2000、欧洲的 WCDMA 成为全球 3G 时代三大主要技术。此后，在 2008 年，中国移动率先在北京、上海、天津、沈阳、广州等地建立了 TD-SCDMA 实验网，并且 3 个月后在全国 10 个城市启动了 TD-

① 时分双工：一种通信系统的双工方式，在移动通信系统中用于分离接收与传送信道。

SCDMA 业务测试和商用测试项目。

2009 年，中国移动获得了 TD-SCDMA 牌照。然而，2013 年，中国移动在迎来 4G 时代时，明确将 4G 的语音服务回落到 2G 网而不是 3G 网，因此 TD-SCDMA 也就此被宣布放弃了，TD-SCDMA 网络也走向了衰亡。

2. 3G 产品

3G 真正大火的开始其实是移动通信设备的革新，即智能手机的出现。

提到智能手机，人们在第一时间想到的就是史蒂夫 · 乔布斯（Steve Jobs）。苹果公司 2007 年推出第一款 iPhone，意味着真正的智能手机时代的开始。但最早有智能手机这个想法的人并不是乔布斯。乔布斯的这个创意实际上借鉴了曾经的诺基亚 Symbian 和微软 Windows Phone。

1998 年，英国公司 Psion 和诺基亚、爱立信、摩托罗拉共同成立了 Symbian 公司，并用手机专用的操作系统来抵御来势汹汹的微软作为重要的研发方向。可惜的是，Symbian 公司的发展依然以传统的手机功能为主，当时 2G 时代的佼佼者诺基亚用一种“最重要的是如何卖出手机，应用程序只是让手机卖得更好”的心态进行发展，却没有分出一些精力放在智能手机的研发上。

正所谓“鹬蚌相争，渔翁得利”。正当 Symbian 和 Windows Phone 大战之际，苹果公司却在默默地不断增强自身的实力。2005 年，苹果公司收购了一家名叫 Finger Works 的公司，并且从中掌握了手势识别、多点触控等技术。这些技术为苹果公司后来的发展奠定了一定的基础。

2007 年，iPhone1 的出现使智能手机的功能、技术、外观等都有了创新。随后 Symbian 历经 7 年研发，在 App 生态系统上取得的成绩，被苹果公司在发布了 iOS 第一版的一年多后超越。这样，苹果公司成功借鉴各大厂家的经验，再加上自己的想法，一战成名。

智能手机时代，2005—2007 年进入初步发展阶段，2008—2012 年进入爆发性成长阶段，而 iPhone 成为重要的转折点。智能手机的出现，带动了 3G 用户数量的暴增。

除此以外，在 3G 技术的推动下，实现了高频宽和稳定传输，由此人们之间进行影像通话以及大量数据的传输成为现实。这时候，苹果、联想、华硕等一大批优秀生产商为了占领更多的市场份额，快速推出了支持 3G 网络的平板电脑。

4G：局域高速上网时代

4G 通信技术的出现给人们的生活、工作、学习带来了不少便利。4G 时代的出现，使移动互联网的网速达到了一个全新的高度，这也意味着局域高速上网时代的开始。

1. 4G 技术

4G 比 3G 更胜一筹，使通信产业的发展更进一步。4G 几乎能够满足所有用户对无线服务的需求。此外，4G 还可以弥补有线电视调制解调器没有覆盖地市的短板，然后再扩展到整个地区。在这方面，4G 有着明显的优势。

对用户来讲，在移动通信发展的不同时代，最大的区别就是 4G 时代信息传输速度更快。在 3G 的基础上，4G 传输速率有了非常大的提升，理论上网速是 3G 的 50 倍，最大传输速率为 100Mbit/s（兆比特 / 秒）。这样，用户可以借助 4G 实现高清电影的观看，以及大量数据的快速传播。

2013 年，工业和信息化部在其官网上宣布向中国移动、中国联通、中国电信颁发“LTE/第四代数字蜂窝移动通信业务（TD-LTE）”经营许可，也就是4G牌照。至此，中国的移动互联网网速达到了一个全新的高度。

4G时代的主要系统是LTE。LTE基于OFDM技术，是通用移动通信技术的长期演进，也就是3G技术的升级版本。

OFDM是20世纪60年代，由贝尔实验室发明的正交频分复用技术。但由于OFDM技术没有过硬且成熟的条件，使3G时代CDMA独占鳌头。随着智能手机在3G时代的快速发展，WCDMA经历了多次演进之后，先后出现了3.5G HSDPA、3.75G HSUPA等，但即便如此，CDMA也并没有从3G时代一直称霸到4G时代。因为随着时代的推进，市场中杀出一个“乱入者”——英特尔公司（Intel）。

说到Intel，还得从1980年前说起。在1980年之前，美国所有的无线设备都需要经过频谱授权。后来，美国联邦通信委员会将这个标准放宽，仅限于发射功率较大、容易产生信号干扰的无线电设备需要经过频谱授权，其他低发射功率的设备可以使用未授权频谱。

这些没有经过授权的频谱并没有引起人们的重视，直到电气和电子工程师协会（IEEE）开始在短距离无线传播方面进行研究，才引起了人们的注意。我们现在使用的Wi-Fi就是IEEE研发出来的。1999年，IEEE推出了两种Wi-Fi标准，分别是802.11b、802.11a，使用的频段为2.4GHz、5GHz。推出两种Wi-Fi标准的目的就是让各个厂商能够根据一个标准生产兼容设备，从而让通信设备之间能够实现互联互通。

2003年，IEEE引入了OFDM技术，对802.11b进行了改进，推出802.11g，其传输速率从原来的11Mbit/s提高到54Mbit/s。当前，我们使用的Wi-Fi主要是802.11n，无论是802.11b、802.11a还是802.11g，

都是兼容的，而且基础技术都是 MIMO（多进多出），传输速率可以达到 600Mbit/s。

2005 年，英特尔与诺基亚、摩托罗拉共同宣布发展 802.16 标准，而这一标准被称为 WiMAX。在英特尔的带领下，WiMAX 把放弃多年的 OFDM 与 FDMA 相结合，形成 OFDMA，并把它作为核心技术，也正是如此，使 OFDM 成为一项受人重视的技术。

随后，在 2009 年，3GPP 提出长期演进技术，之后又在 2011 年提出升级版本——LTE-Advanced，计划使用 OFDM，取代 WCDMA。各大运营商纷纷采用 OFDM，从而宣告第四代通信标准（4G）的到来。

2010 年，由于英特尔的 WiMAX 兼容性较差，在大量用户共同使用的情况下经常出现拥塞情况，不能给用户带来良好的使用体验，因此最终 WiMAX 被放弃，而是加入 LTE 行列。

LTE 包括 TDD-LTE、FDD-LTE 两种类型，用于成对频谱和非成对频谱。

（1）TDD-LTE

TDD-LTE（在中国也叫作 TD-LTE）即时分双工 LTE，换句话说就是上下行在同一频段上按照时间分配交叉进行。TDD-LTE 是由 3GPP 组织下的全球各大企业及运营商共同制定。

（2）FDD-LTE

FDD-LTE 即频分双工 LTE，换言之就是上下行采用不同频段同时进行。FDD-LTE 是目前世界上最成熟的 4G 标准。

2. 4G 产品

4G 时代将用户上网体验带入佳境。基于 4G 的超强网络传输速率，一切基于 4G 的短视频平台、直播平台如雨后春笋般纷纷跃出，都希望能借助 4G 的力量顺势而上，成为市场中最大的“蛋糕”分食者。正是短视频、直播的出现，为人们的交流、购物、娱乐带来了全新模式，更成为从业者的一个收入来源。

另外，移动手机用户逐渐向智能手机转变，甚至成为标配。在智能手机上，用户可以足不出户，借助微信、微博、直播、短视频、电商平台就能进行衣、食、住、行、购等任何一方面的活动，使一个全新的零售时代闯入我们的生活中，也让人们的生活、学习、社交变得更加轻松和便捷。4G的出现，再加上各种基于4G网络的创新App的诞生，将人与人之间的距离拉得更近。

5G：随时、随地、万物互联时代

4G技术的出现已经使移动通信宽带和能力有了一个质的飞跃。每个时代的出现，都会基于一定的技术基础，同时还会衍生很多创新业务和产品，以及应用场景。5G比之前的1G、2G、3G、4G有更特殊的优势。它不仅仅具有更高的传输速率、更大的带宽、更强的通话能力，还能融合多个业务、多种技术，为用户带来更智能化的生活，从而打造以用户为核心的信息生态系统。因此，可以说，5G时代是一个能够实现随时、随地、万物互联的时代。

从目前的发展来看，5G与前面其他4个移动通信时代相比，并不是一个单一的无线接入技术，也不是几个全新的无线接入技术，而是多种无线接入技术和现有无线接入技术集成后的解决方案的总称。5G的发展已经能够更好地扩展到物联网领域。

正如下一代移动通信网络（NGMN）联盟给出的定义：5G是一个端到端的生态系统，它将打造一个全移动和全连接的社会。5G连接的是生态、客户、商业模式，能够为用户带来前所未有的客户体验，可以实现生态的可持续发展。

然而，能够实现万物互联互通，能够更好地融入物联网领域，关键还在于 5G 快速的网速，其峰值理论传输速率可达 100Gbit/s，对 5G 的基站峰值要求不低于 20Gbit/s。一部超高清画质的电影，用 5G 下载 1s 就可以完成。与 4G 相比，5G 还呈现出低时延高可靠、低功耗的特点。

5G 网络未来支持的设备远远不止 4G 时代的智能手机。届时，智能手表、健身腕带、智能家庭设备等，都将成为新时代更具创新力的产品。

我国在 5G 方面的发展处于领先地位。华为公司早在 10 年前就已经开始研究 5G 技术，建立的 5G 基站数量有 20000 多个。

2020 年，我国 5G 会全面进入普及和商业化阶段。广州、武汉、杭州、上海、苏州成为中国移动首批 5G 试点城市。中国联通计划率先在北京、天津、上海、深圳、杭州、南京、雄安 7 个城市进行 5G 试验。中国电信在成都、雄安、深圳、上海、苏州、兰州 6 个城市开通 5G 试点。

5G 时代，人与人之间的沟通更加亲密和高效，同时物质、医疗、文化、艺术、科技等各领域的信息传递也在瞬间完成。5G 将为人类带来更智慧和美好的生活，信息随心而至，万物触手可及将不再是神话。

从零开始认识 5G

5G 作为当前移动通信技术发展的高峰，也是人们希望的，它不仅可以改变生活，也是能改变社会的重要力量。5G 的出现，把我们从移动互联网时代，带入了智能互联网时代。

然而，人们对5G，既熟悉又陌生。熟悉的是我们经常能在电视媒体、网络媒体上看到5G的相关新闻，陌生的是尽管我们对5G早有耳闻，但对5G了解甚少。从零开始认识5G，有助于我们更好地了解它。

每个技术都有其与众不同的特点，5G技术具有以下几个特点。

1. 高速率

3G时代，我们下载一张2MB的图片，需要很长时间；4G时代，同样一张图片，不但能实现“秒下”，还出现了一个很大的改变。例如，使用4G打开微信中的一个视频，一打开，它就会自动播放。3G时代是不会自动播放的，因为网络传输速度慢。

VR（虚拟现实技术）的出现带来了火爆的市场，但是由于用户在体验时，往往感觉速度很慢、效果差，看一会儿就会头晕目眩，因此VR的商用并没有产生很好的市场效应。VR需要至少157Mbit/s的传输速率，而4G难以达到。

5G解决的首要问题就是网络传输速率问题。网络传输速率提高，基站峰值要求不低于20Gbit/s，这个速率才能在使用VR的时候不受限制，才能给用户体验与感受带来较好的提升，VR才能够得到广泛推广和使用。

2. 泛在网

泛在网是指在社会生活中的每个角落都有网络存在。

例如，以往高山或峡谷网络覆盖不全面。如果5G网络能够实现全面覆盖，那么就可以大量部署传感器，对整个高山或峡谷的环境、地貌变化、地震等方面进行监测，为我们带来十分有价值的数据，有助于我们进行环境改善、地貌研究、地震预警等。

再如，地下车库往往网络信号较差，这虽然对普通汽车影响较小，但对智能无人驾驶汽车来说，将会带来很大的麻烦。因为智能无人驾驶汽车在工作一天之后，晚上需要回去充电，它需要自己停到地下车库的车位上，自己插上充电头。如果没有网络，智能无人驾驶汽车就犹如“瘫痪”一般，找不到车位，也充不了电。因此，像地下停车场这样的地方，就非常需要网络覆盖。

可见，网络广泛覆盖非常有必要。只有这样才能更好地支持更加丰富的业务，智能化才能在更多复杂的场景中实现。泛在网包含两方面的含义，一是广泛覆盖，二是纵深覆盖。高山或峡谷网络的覆盖属于广泛覆盖，地下车库的网络覆盖属于纵深覆盖。

很多时候，泛在网比速度快更重要，因为网络覆盖面积小、速度却很快，并不能给更多的用户带来更好的服务体验，所以泛在网是 5G 给广大用户带来更好的体验的基础。

3. 低功耗

能耗是很多用户关注的话题，低功耗产品能减少用户的充电次数，让用户可以放心使用，不用总为充电而烦恼。

以当前我们使用的智能手机为例。大多数智能手机是每天充电一次，甚至多次，尤其在户外的时候会给用户带来不便。如果能将功耗降下来，让大部分物联网产品实现一周充一次电，甚至一个月充一次电，这样就极大地改善了用户的体验，很好地促进了物联网产品的快速普及。

5G 网络中有两个重要技术：eMTC 和 NB-IoT，这两个技术都能很好地降低功耗，也因此使 5G 具有低功耗的特点。

（1）eMTC

eMTC 是基于 LTE 协议演进而来的，能使物与物之间更好地进行通信，为了最大限度地降低成本，对LTE协议进行了裁剪和优化。eMTC基于蜂窝网络进行部署，其用户设备通过支持1.4MHz的射频[1]和基带[2]带宽，可以直接接入现有的LTE网络。eMTC支持上下行最大1Mbit/s的峰值速率，可以支持丰富、创新的物联应用。

（2）NB-IoT

NB-IoT可以直接部署于GSM网络和UMTS网络，以降低部署成本。它是一个新兴的技术，支持低功耗设备在广域网的蜂窝数据连接。

4. 低时延

相关试验研究发现：人与人之间的信息交流，时延在140ms的范围内是可以接受的。如果把这个时延换成无人驾驶汽车或工业自动化，是绝对不可以的，因为这么长的时延，往往会给无人驾驶汽车内的用户或整个工业生产车间带来人身安全和财产损失。

无人驾驶汽车在行驶时，需要将中央控制中心和汽车进行互联，车与车之间也要进行互联。当无人驾驶汽车在高速行驶时，一个制动需要瞬间将信息传送到汽车，然后快速做出反应。往往100ms的时间，车就能开出几米。所以，在最短的时间内进行汽车制动和车控反应，是对无人驾驶汽车提出的关键要求。

在工业自动化车间中，一个机械臂的操作，如果想要做到精致化，保证工作的高效和精准性，同样需要极小的时延，在最短的时间内快速做出反应，否则很难达到生产产品的精致化。

无论是无人驾驶汽车还是工业自动化，都是在高速运行中工作的。在高速运行的过程中保证信息传递的即时性和做出反应的即时性，对时

① 射频：可以辐射到空间的电磁频率。

② 基带：信源（信息源，也称发射端）发出的没有经过调制（进行频谱搬移和变换）的原始电信号所固有的频带（频率带宽），称为基本频带，简称基带。

延提出了极高的要求。

5G 对时延的要求控制在 1 ～ 10ms，甚至更低，这种要求是十分严苛的，但也是有必要的。而 3G 网络的时延约为 100ms，4G 网络的时延为 20 ～ 80ms。

极致用户体验的拐点

任何一项新技术的研发和创新，都是以能够给广大民众的生活带来更多便利、更好体验而进行的。以现代工业发展为例，从机械化到电气化、从电子信息到智能制造，每次变革和创新，其背后的基础逻辑都是为了提高效率，给人们带来更好的生活方式、更好的用户体验。

5G 作为 4G 的后继者，在沿袭 4G 众多技术的基础上进行了进一步的改进和完善，同样肩负着重要的使命——为用户带来极致的体验。

如果说 2018 年是移动通信市场眼中的 5G 元年，那么 2019 年就是 5G 进入全面商用的元年，这也意味着 2019 年是正式开启 5G 商用、正式开始为民众服务的元年。5G 具有高速率、泛在网、低功耗、低时延的特点，将给人们带来更加舒适、更加极致的体验。可以说，5G 是移动通信为用户带来极致体验的拐点。

1. 进入“无限网络容量”的体验时代

在 5G 时代，不仅仅是智能手机更加智能化，而且高速率的 5G 网将承载 eMBB（增强移动宽带）的应用场景，成为用户极致体验的转折点。

试验证明：当网络容量是应用流量的 4~5 倍时，网络的拥堵和时延接近于零。5G 的传输速率达到 Gbit/s 的水平，已经超越互联网接入以及视频通信应用流量的基本需要，这使终端用户的体验发生了本质变化，真正进入“无限网络容量”的体验时代，给用户带来一种“网络有无限容量”的感觉。

当前，全球70%的运营商已经开放流量不限的MBB业务（移动宽带业务），并且其中40%的运营商已经由此带来经济效益的提升。流量不限的MBB模式已经成为运营商经济增长的重要驱动力。

5G-eMBB作为新生业务，在接入速率上有了极大的提升，将使AR技术得到更广泛的应用，许多行业的现场维护与现场服务因此而受益。

例如：以往，那些富有经验的工程师是稀缺的，然而即便有经验丰富的工程师，一年里也只能去数个偏远的站点为用户提供现场服务。5G-eMBB的出现，使这种情况大不相同。工程师借助5G-eMBB和AR技术，通过手中的平板电脑就能获取相关的设备信息，而且遇到问题时能基于此做出正确的决策，而不是只凭借自己多年来积累的经验，更不是靠拍脑袋的直觉。经验丰富的工程师可以通过5G网络和AR技术，在短时间内完成更多的任务，这就为许多产业的现场服务提升了工作效率。

2. 实现零距离无缝连接

多年来的网络用户体验研究结果表明：由于网络时延远远低于人类近100ms的视觉感知时延，网络两端的用户往往在通信的时候感觉不到时延。尤其是5G时代，网络具有低时延的特点，这样就实现了用户与用户之间的零距离无缝连接，给用户带来了与众不同的极致体验。

我们看新闻的时候，经常会发现新闻台的主持人在与室外主持人连线的时候，往往说了一句话后，过了一会儿才能收到室外主持人的回应，中间会有空白期，看上去略显尴尬。这是因为室外的主持人没有固定的路由器网络环境，导致信号差且不稳定，更重要的是会有时延现象。当然，网络时延与两地之间相隔的距离有关，距离越远，时延情况就越明显。如果与国外记者连线，就不仅要考虑时差问题，而且还要考虑严重的时延情况。5G 全面普及之后，这种新闻直播连线时延的现象就会得到极大的改善，两地主持人再也不用在互相等待中尴尬。

总之，对于 5G 的发展，提升用户体验成为其发展的原动力。涉及用户体验的指标，除了容量之外，还包括用户平均体验速率、大幅降低时延等。

海量连接与网络自动化

在 3G 时代，我们真正实现了拥抱互联网，4G 的出现则迎来了一个更加美好的时代。4G 网络传输速率达到了 Mbit/s 级别，高性能、低功耗的手机芯片弥补了用户体验较差的短板。随着短视频、直播的出现，随时随地进行直播、在地铁上刷抖音，成为现代人移动互联生活的写照。

人类移动互联史中 4G 的辉煌即将翻过，5G 网络将开启新篇章。

1. 海量互联

我国移动互联网用户主要以手机用户为主。工业和信息化部统计：截至 2019 年 2 月底，中国移动、中国联通、中国电信三家基础电信企业的移动电话用户总数达到了 15.8 亿。进入 5G 时代，网络连接的终端不再以手机为主，将会扩展到日常生活用品的方方面面。

在基于 5G 的世界里，每件与人们息息相关的物品都会被植入传感器，利用 5G 可以实现数据交互。届时，机器、手机、手表、眼镜、鞋子、交通工具、家具、家电等都可能接入网络，成为智能产品。同时，一切物体都实现了可控制、可交流、可定位，彼此协同工作。世界上几乎所有的物品都能通过5G连接起来，不再受时间和空间的限制。并且随着5G的进一步发展，未来5G还有可能解锁更多的新功能。

在5G时代，首要的任务就是在频谱资源有限的情况下，仍然能够达到很高的传输速率，以满足未来用户的需求。5G提供全新的技术为人与人之间建立联系，当然还包括人与汽车、房屋、家电、办公设备之间的联系。而且不论身处何地，这些服务都能马上实现。可以说，5G所实现的功能是更一致的以及更具备可用性的网络，它不仅支持庞大的数据流量，还能以远低于今天的成本来提供联网服务。

在5G时代，城市生活、家居以及办公环境中都融入了智能化、自动化，而且各种服务用户都可以根据自己的喜好进行定制，同时在出行方面的协同程度更高。

可以想象，清晨，智能管家根据你的生物特征在恰当的时间、用你喜欢的音乐唤醒你。你还在睡眼蒙眬的时候，窗帘已经自动拉开。你还在洗漱的时候，你的早餐，包括牛奶、面包都已经提前准备好了。然后无人驾驶汽车送你去公司，路上的时间，你可以打开VR进行远程会议，而且不需要专注于马路上的交通信号等，只需要根据车流量进行在线调整……

如果说3G、4G实现了人与人的连接，那么5G的出现为万物互联打下了良好的基础。这种全新的网络模式将万事万物以最佳的方式连接起来，并在此基础上创造出更多全新的商业模式。

2. 网络自动化

在5G时代，人与人、人与物、物与物之间的连接成为可能，万物互联让人们的生活更便捷和美好。与此同时，5G网络将面临更多复杂的商用场景，因为各个场景中对网络的需求千差万别。因此，5G 的出现也给整体网络的运营和维护带来了前所未有的挑战。

传统网络的运营和维护都是通过人工实现的，在很大程度上依赖技术人员的运营和维护经验，这更要消耗大量的时间和人力成本。

在 5G 时代，网络的运营和维护趋向于自动化。预计到 2024 年，联网设备的数量将超过 220 亿台，届时人们已经无法用人工方式管理数量如此庞大的连接设备。因此，网络自动化是必由之路。在自动化网络运维下，不但可以提升业务配置速度，还可以减少人力资源和成本，促进高效运营。

2019 年 2 月 20 日，华为在伦敦举办的 MWC 大会（世界移动通信大会）预沟通会上发布了“自动驾驶无线网络”系列解决方案。该解决方案由“MAE（移动网络大脑）”和具有强大计算能力的 BTS5900 基站组成。

其中 MAE 是无线网络自动化管控引擎，也是华为对无线网络管控研究的智慧结晶。在 MAE 上，华为做出了两大改变：一是将传统的以网元为中心的运维转变为以场景为中心的运维，让运维跟着应用需求走；二是从单纯的网络管理转变为管控融合，可以基于云化数据平台进行自动学习、推理和分析。根据现实中各种应用场景，MAE 可以有针对性地匹配运营商的部署、维护优化、业务发放等工作流程，实现了各流程端到端的闭环自动化处理。

BTS5900 基站不但具有普通基站的功能，而且可以提供额外的算力、更精细化的无线资源管理能力，这也是华为实现场景自动化管控的基础。在 5G 时代，网络带宽虽然有了大幅度提升，但从应用前景和业务承载方面来看，基站依然需要对无线资源进行更加精细化的管理，从而获得更高的资源利用率。由于无线资源状态时刻都在发生变化，所以基站必须有能力在极短的时间里完成精细化管理，这就需要有超强的本地算力作为支撑，在基站内形成自主闭环管理。

实践证明，华为的“自动驾驶无线网络”可以将运维效率提升10倍，用户的体验速率提升30%，同时能耗减少了30%。

华为作为我国5G商用的“领军者”，在5G商用的过程中，能实现网络自动化，由此而产生的商用价值也是非常惊人的。

重构互联网安全体系

关于安全问题，一直以来都是移动通信领域的一个难题。1G、2G、3G、4G都或多或少地存在安全隐患。5G在这个方面做了更多的改进和完善，在网络安全上有了较大的进步。

传统互联网的主要精力放在了提升信息传输速率、解决无障碍传输的问题上，因此将自由、开放、共享作为互联网发展的基本精神。在5G时代，智能互联网是发展的核心，在功能上除了具备传统互联网的基本功能之外，还要建立一个全新的社会和生活体系。因此，在智能互联网的精神上，安全、管理、高效、便捷成为重要的支撑点，而安全在这些支撑点中居于首位。可以说5G重构了互联网安全体系。

5G网络安全性的提升主要体现在以下几个方面。

1. 增强用户唯一标志符的隐私保护

在5G时代，手机用户的唯一标识符是SUPI（3G、4G使用的唯一标识符是IMIS），通过公钥和私钥加密的方式加密为SUCI，只有运营商可以解密手机的用户信息。借助这种标识符，用户的非法追踪设备将失效。

2. 按需提供数据加密，增强用户数据的完整性保护

5G 之前的网络，采用的是完整性保护算法，所以会增加数据处理的压力，而且时延会加长，仅仅对控制面[①]数据进行完整性保护。在 5G 时代，对于用户面[②]数据，按需提供空中接口到核心网之间的用户面数据加密和完整性保护。

3. 加强运营商之间连接的安全性

5G 可以阻止那些恶意的运营商，通过 SS7 公共信道和 Daimeter 协议等通道，非法入侵其他运营商。因此，5G 能够有效增强运营商之间连接的安全性。

4. 提升物联网抗 DDoS 攻击的能力

恶意物联网可以对网络发起分布式拒绝服务攻击（DDoS），或者发起大量数据流量造成网络拥塞。为了防御这类攻击，5G 设计了一些安全方案，可以选择性地拒绝恶意终端的接入。

从整体上看，5G 在安全问题方面进行了重构。5G 重构的安全体系，对提高未来网络和应用的安全具有十分重要的作用。

基于这一安全体系的重构，未来每个商品都能被植入传感器，无人值守和自动购买将逐渐普及。目前，无人超市正在全国部分城市开始试点。

另外，在 5G 时代，配合大数据、云计算、人工智能技术，移动支付领域的安全性也将大大提升。金融领域将会有更多的智能支付产品出现，全新的智能支付体系也将诞生。

相信随着 5G 发展和商用规模的逐渐扩大，将会有各种新的安全问

---

① 控制面：LTE 协议中人为定义出来的概念。控制面是为了承载用户数据而进行的信令交互，主要承载一些重要的信令消息。控制面数据就是信令的消息内容。

② 用户面：LTE 协议中人为定义出来的概念。用户面其实就是真正的业务内容。

题出现，相关部门应当制定并形成新的安全机制进行有效应对。

加速各行各业数字化转型升级

移动通信技术自诞生以来，先后经历了从1G到5G的迭代和变迁，在整个过程中，其系统性能呈指数级提升。5G为用户提供了前所未有的极致体验，实现了海量连接和网络自动化，重构了互联网络安全体系，同时也加速了各行各业的数字化转型升级。

当前，移动通信技术正逐渐向各行各业渗透，经济社会逐渐向数字化转型和升级的趋势明显。数字化的知识和信息已经成为关键生产要素，现代信息网络已经成为与能源网、公路网、铁路网相并列的关键且不可或缺的基础设施，移动通信技术则成为各领域发展的基础动力，在加速各产业发展、为各产业带来新的增长点方面发挥着关键性作用。

5G作为移动信息技术的一个发展阶段，与大数据、云计算、人工智能、虚拟增强现实等技术相融合，实现人与万物的连接，成为各行业数字化转型的关键基础设施。

首先，5G能够为用户提供超高清视频、下一代社交网络、浸入式游戏等，让用户拥有身临其境的体验。

其次，5G支持海量机器类通信，实现智慧城市、智能家居、智慧交通等场景与移动通信的深度融合。

最后，5G凭借其低时延高可靠的特点，引爆车联网、移动医疗、工业互联网等垂直行业的应用。

总之，5G商用的普及，将为“大众创业，万众创新”提供有力的支撑，推动了国家经济的快速发展，使新一代移动通信成为引领各行业数字化转型的重要技术。

5G 落地的六大关键技术

5G 作为新一代移动通信技术，无论在网络结构，还是网络能力方面，与之前的网络技术相比，都有了极大的改变，而且还整合了大量技术。因此，5G 并不是一项技术，而是由众多技术形成的一个“综合体”。

高频段传输

物理学领域有这样一个公式：$c=\lambda v$（光速 = 波长 × 频率）。虽然这个公式看似与移动通信没有多大的关系，但这个公式贯穿于移动通信 1G、2G、3G、4G 和 5G 的每个发展阶段。

通信技术，无论哪个发展阶段，归根结底就是两种情况：有线通信和无线通信。

我们在用移动设备打电话的时候，信息数据在空中传播（看不见、摸不着），这就是无线通信；信息数据在实物上传播（看得见、摸得着），这就是有线通信。

有线通信基本上是借助铜线、光纤等有线介质实现数据传输的。用有线介质传播数据，其速率能够达到很高的数值。有线通信与无线通信，如图 1-3 所示。

以光纤为例。在实验室中，一条光纤的最高传输速率能够达到 26Tbit/s（1Tbit/s=1024Gbit/s）。这一传输速率是传统网线的 26000 倍。

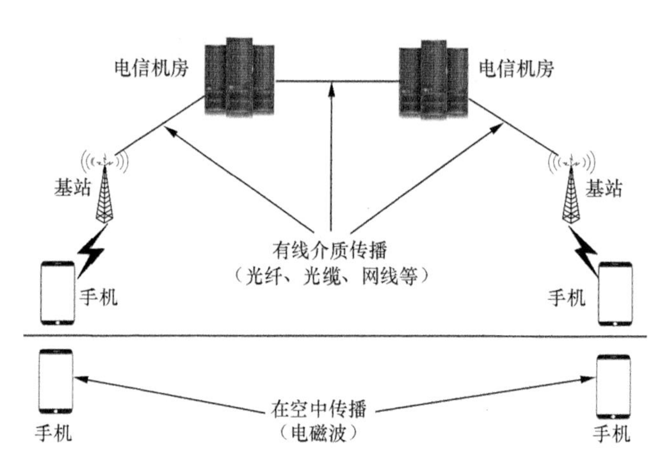

图 1-3　有线通信与无线通信

然而，移动通信空中传播，在数据传输过程中遇到了瓶颈。因为4G的LTE技术理论传输速率只有150Mbit/s，这与光纤的传输速率相差太远。所以，无线通信和有线通信是无法相提并论的。5G要想实现端到端的高速率，重点是要突破无线传播的瓶颈。

无线通信是借助电磁波完成信息传输的。电波和光波都属于电磁波。电磁波的功能特性是由它的频率决定的。不同频率的电磁波，所具有的属性不同，从而就能产生不同的用途。

不同波长的电波，其在通信方面的用途也有所不同，如表1-1所示。

表 1-1　不同波长的电波，在通信方面的用途不同

名称	符号	频率	波段	波长	用途
甚低频	VLF	3～30kHz	超长波	1000～100km	海岸潜艇通信、远距离通信
低频	LF	30～300kHz	长波	10～1km	中距离通信、地下岩层通信
中频	MF	0.3～3MHz	中波	1km～100m	船用通信、移动通信
高频	HF	3～30MHz	短波	100～10m	国际定点通信、移动通信
甚高频	VHF	30～300MHz	米波	10～1m	对空间飞行体通信、移动通信

续表

名称	符号	频率	波段	波长	用途
特高频	UHF	0.3 ～ 3GHz	分米波	1 ～ 0.1m	对流层散射通信、移动通信
超高频	SHF	3 ～ 30GHz	厘米波	10 ～ 1cm	卫星通信、移动通信
极高频	EHF	30 ～ 300GHz	毫米波	10 ～ 1mm	空间通信，波导通信

从表 1-1 中不难发现，移动通信主要采用的是中频至超高频电波。我们经常看到的“GSM900”“CDMA800”，意思就是工作频段在 900MHz 的 GSM 以及工作频段在 800MHz 的 CDMA。

当前，全球 4G 的 LTE 技术标准属于特高频和超高频。

我国主要用的是超高频，如表 1-2 所示。

表 1-2　　超高频

归属方	TDD		FDD		合计
	频谱	频谱资源	频谱	频谱资源	
中国移动	1880 ～ 1900MHz	20MHz	—	—	130MHz
	2320 ～ 2370MHz	50MHz	—	—	
	2575 ～ 2635MHz	60MHz	—	—	
中国联通	2300 ～ 2320MHz	20MHz	1955 ～ 1980MHz	25MHz	90MHz
	2555 ～ 2575MHz	20MHz	2145 ～ 2170MHz	25MHz	
中国电信	2370 ～ 2390MHz	20MHz	1755 ～ 1785MHz	30MHz	100MHz
	2635 ～ 2655MHz	20MHz	1850 ～ 1880MHz	30MHz	

前文中讲到 1G、2G、3G、4G、5G 的频率越来越高。因为频率越高，使用的频率资源就越丰富；频率资源越丰富，能够实现的传输速率就越高。如果将频率资源比作公交车厢，频率越高，意味着公交车厢的容量越大，在相同的时间里所能够承载的信息量也就越大。

5G 的频率分为两种，分别是 FR1 和 FR2 两个频段。

FR1 的频率范围在 450 ～ 6000MHz；FR2 的频率范围在 24250 ～ 25600MHz。显然，5G 的 FR1 波段是在 6GHz 以下，FR2 波段是在 24GHz 以上。6GHz 以下与 2G、3G、4G 的差距并不算很大，而 24GHz 已经是特别高了。因此，高频段传输成为 5G 的一项关键技术。

早在 2015 年，美国联邦通信委员会就已经率先规划了 28GHz、37GHz、39GHz、64 ～ 71GHz 共 4 个频段为美国 5G 毫米波推荐频段。这与 5G 的 24GHz 相比更高了。所以 5G 网络的传播，是通过极高频段传输实现的。

新型多天线传输

回顾手机的发展史，我们会发现，最早的“大哥大”手机都有很长的天线，后来的摩托罗拉老款手机也有天线，只不过与“大哥大”相比，天线变短了一点儿。如今，智能手机是每个人的标配，然而，智能手机上的天线却“消失”了。其实，这并不是意味着智能手机因为有了“智能”就不需要天线，天线就“消失”了，而是天线越变越小。天线的长度与波长成正比，在波长的 1/10 ～ 1/4。

公式为：天线长度 = 波长 ×1/10~ 波长 ×1/4。

随着时间的推移和技术的不断进步，手机的通信频率越来越高，波长越来越短，这样天线的长度也就越来越短。5G 时代毫米波应用空间扩大，那么天线也可能会变为毫米级。这样，天线就完全可以内置在手机里，甚至可以同时内置很多根天线。因此，5G 时代的另一个关键技术就是新型多天线传输（Massive MIMO）。

“MIMO”就是多进多出，换句话说，就是多根天线发送，多根天线接收。在 4G 时代就已经有了多天线技术，但天线数量并不算多，只能说是 MIMO 的初级版。进入 5G 时代，MIMO 技术得到进一步发展，可以认为是 MIMO 的加强版，即 Massive MIMO（Massive 的意思是大规模、大量的）。

手机能够实现大规模多天线传输，那么对于基站而言就更不在话下了。与手机不同的是，在 4G 以及之前，基站的天线数量是很少的几根。在 5G 时代，基站天线则是以“阵”的形式出现，叫作“天线列阵”。需要注意的是，虽然多天线传输效率更高，但如果天线之间距离太近，就会相互干扰，影响信号的收发。天线之间最理想的距离是半个波长以上。

设备到设备通信

当前，借助移动通信在两个人面对面拨打对方手机或用手机传照片的时候，信号都是通过基站进行中转（包括控制信令和数据包），然后再进行传输的。

5G 时代，信息数据的传输方式发生了巨大的变化，主要靠设备到设备（D2D）技术来实现。简单来说，就是在 5G 时代，同一个基站下的两个用户之间相互通信，他们的信息数据不再通过基站传输，而是直接以手机到手机的方式传输。

D2D 技术的专业描述：它是一种基于蜂窝系统的近距离数据直接传输技术。目前，D2D 技术已经被 3GPP 列入新一代移动通信系统发展的框架中，是 5G 网络的关键技术之一。

D2D 不需要基站就能实现通信端对端的连接，是一种很好的网络连接方式。主要体现在以下方面。

首先，这种技术能实现短距离直接通信，信道质量高，数据传输速率高，时延较低，功耗较小。

其次，信息数据的端对端快速传输，使终端能够广泛分布，不需要“挤”在一个基站下，实现频谱资源的高效利用。

最后，这种传输方式能够有效节约大量的空中资源，同时也极大地减轻了基站的传输压力。

总之，D2D技术使人与人之间的通信变得更加直接、更加灵活。

超密集组网

5G时代，主要解决的是覆盖、容量、传输速率问题。未来，在5G网络不断发展的过程中，移动通信网络会向更加多元化、宽带化、综合化、智能化的方向演进，移动数据流量也将出现井喷式增长。

工业和信息化部、发展改革委等机构发布的《5G愿景与需求》白皮书中的数据显示：2010—2020年全球移动数据流量增长将超过200倍，2010—2030年将增长近2万倍；中国的移动数据流量增速高于全球平均水平，2010—2020年，将增长300倍以上，2010—2030年将增长超过4万倍。中国移动终端（不含物联网设备）数量将超过20亿。

这些数据意味着全球以及我国的移动数据流量不断增长，网络密集度不断增加。无疑对全球以及我国的基站建设提出了巨大的挑战。

事实上，无论是全球还是我国，一直都在基站建设上做了很多工作。2G时代，全球基站数量只有几万个。3G时代，全球基站数量达到几十万个；4G时代，我国的基站数量居全球首位。然而，建设基站虽然能有效改善网络覆盖问题，但成本也较高，最佳的手段就是采用超密集组网技术来实现。

5G的超密集组网技术成为未来流量需求不断增加的关键之一。超密集组网能够有效改善网络覆盖，大幅提升系统容量，并且对业务进行分流，在网络部署时更具有高效性和灵活性。

5G时代，超密集组网技术将会有更多的应用。然而，网络部署越来越密集，使网络拓扑更加复杂，信号干扰成为制约系统容量增长的主要因素，极大地降低了网络能效。所以，消除干扰、基于终端能力的提升成为超密集组网研究的热点。

多无线接入技术融合

5G 网络本身是由多项技术共同组合在一起的网络形态。然而，如何使各种技术共同融合并共存，有效提升网络的整体运营效率和提升用户体验，是 5G 网络需要解决的问题。

各种无线接入技术（RAT）的融合，需要通过集中的无线网络控制能力实现。多 RAT 融合技术是 5G 的一项关键技术。

统一的多 RAT 融合技术包括以下 4 个方面。

1. 智能接入控制与管理

基于不同的网络状态、无线环境和终端能力，再加上智能业务感知技术，可以将不同的业务映射到最合适的接入技术上，提升用户体验和网络效率。

2. 多 RAT 无线资源管理

根据业务类型、网络负载、干扰水平等因素，可以对多网络的无线资源进行联合管理与优化，实现多技术之间的协调，以及无线资源的共享和分配。

3. 协议与信令优化

可以增强接入网接口的能力，构造更加灵活的网络接口关系，支撑动态的网络功能分布。

4. 多制式连接技术

可以同时在一个终端上接入多个不同制式的网络节点，这样就能在终端上实现多流并行传输，可以很好地提高吞吐量，提升用户体验，更重要的是业务在不同接入技术的网络之间能够实现动态分流和汇聚。

网络切片

5G与之前的网络相比，具有高速率、低时延的特点，此外还承载了更多的应用与海量连接。而5G能够实现这些的基础就是网络切片技术。网络切片技术是5G的关键技术之一。

那么什么是网络切片呢？切的又是什么“片”呢？这是如何实现的呢？

所谓网络切片，就是将一个物理网络切割成多个虚拟的端到端的网络，每个网络都可以获得逻辑独立的网络资源，而且各个切片之间相互绝缘，彼此之间不会互相干扰。因此，如果有一个切片出现错误或者发生故障，其他切片不会受到影响。打个比方，如果将网络切片看作面包切片，如果其中一片面包的完整性被破坏，那么其他片面包不会受这片面包的影响，依旧是完整的。

5G切片，就是将5G网络切成多个虚拟网络，从而借助各个网络来支持更多业务的实现。

网络切片技术的目的在于让网络运营商自己选择每个切片所需要的特性，这些特性可以是低时延、高吞吐量、高连接密度、高频谱效率、高网络效率等。这些特性有助于运营商提升用户体验。与此同时，运营商也不需要因为个别切片的错误而担心其余切片会受到影响，可以进行切片的更改和添加。这不但节省了时间，还降低了成本。总而言之，网络切片可以为运营商节省更多的成本，带来更多的效益。

然而，用户需求的不断提升需要新业务的不断出现。为了能够打造出新业务来满足新需求，需要对老旧网络进行改造，但这十分麻烦。网络切片技术却可以很好地解决这个问题，它可以满足多连接多样化业务需求，实现灵活部署，还可以进行分类管理。

5G 三大应用场景

5G 技术像以往其他技术一样，是为了应用而生的。2019 年被认为是 5G 商用的元年，尤其是进入 2020 年以及未来，5G 将有更多的应用场景出现。当前，5G 主要有三大应用场景：增强型移动宽带、低时延高可靠通信、海量机器类通信。

增强型移动宽带

增强型移动宽带（eMBB）是指在现有移动宽带业务场景的基础上，对用户体验进行进一步的提升。简单来讲，就是以人为中心的应用场景，集中体现为超高的传输速率，保证用户移动通信的广泛覆盖。5G 的这一应用场景是现阶段 5G 商用研究最重要的方向之一。

4G 时代，由于网络传输速率有限，通常用户体验的上传速率为 6Mbit/s，下载速率为 50Mbit/s，然而这个速率并不能很好地满足用户对上传和下载速率的需求。

在未来几年里，用户数据流量将呈现持续爆发式增长趋势，业务形态也主要以视频为主。在 5G 的支持下，再加上 4K 电视产业的发展，用户可以更轻松地观看 4K 视频。4K 就是超高清画质的显示技术，通常用于视频观看技术。事实上，早在 2004 年就已经有 4K 设备的身影了。4K 在清晰度上比高清高出 4 倍，但是由于网络宽带技术的不成熟，再加上设备价格较高，4K 设备没有得到快速发展。进入 5G 时代，网络宽带技术有了很大的提升，4K 才能在此基础上开辟新格局，4K 电视才能更多地进入寻常百姓家中。

另外，前文中提到的 VR/AR 技术在融入 5G 网络之后，将会有更多的应用机会。例如，通过 VR 设备可以获得 360° 全方位的虚拟现实体验，用户仿佛置身其中，这非常适合观影和游戏产业。之前 VR 没有得到很好的发展，关键原因就在于网络宽带的发展不足以支撑 VR 技术的使用，导致画面卡顿、画质变差等。

eMBB 除了在 6GHz 以下的频谱发展相关技术，也在 6GHz 以上的频谱发展相关的技术。当前，6GHz 以下的频谱大多以传统的网络为主，且大多是面向大型基站发展。而 6GHz 以上的频谱是以毫米波技术为主，小型基站设备是最重要的方向。

低时延高可靠通信

低时延高可靠通信（uRLLC）是 5G 三大应用场景之一。

3GPP 将 uRLLC 标准划分为两部分，分别为低时延和高可靠。所谓低时延，就是连接时延要达到 1ms 级别，而且要支持高速移动（500km/h）；高可靠即可靠性达 99.999%，必须使网络保持稳定性，保证在运行的过程中不会拥塞，不会出现干扰现象，不会受到外界影响。

uRLLC 在移动通信应用中，主要是减小时延，而减小时延，就必须解决影响时延的关键问题，主要方法如下：

- 提升空中接口的传输效率；
- 提高流编码 / 解码效率；
- 优化网络传输协议；
- 减小中间传输节点数量；
- 完善 5G 移动通信网络体系结构。

此外，这一场景更多地是面向车联网、工业控制、远程医疗、智能电网、实时游戏、远程控制、增强现实、触觉互联网、虚拟现实等特殊应用，其中车联网的市场潜力巨大。

海量机器类通信

5G 针对物联网业务，可以实现海量机器类通信。

5G 强大的连接能力可以快速促进各垂直行业的深度融合，同时还可以在传统网络人与人通信连接的基础上实现人与物、物与物之间的连接。而人与物、物与物之间的连接是需要大量的物联网应用才能实现的。mMTC 主要体现的就是人与物之间、物与物之间的信息交互。

我们所用的 Wi-Fi、蓝牙耳机等都属于家庭用的小范围技术，回传主要靠 LTE 实现。而 5G 网络下的 mMTC 应用场景更加广泛，主要是面向智慧城市、智能家居、环境监测等领域。

全球移动通信系统协会（GSMA）发布了最新的全球物联网市场报告。报告中的数据显示：全球物联市场（包括连接、应用、平台与服务）到 2025 年将达到 1.1 万亿美元。其中，商业应用占据了整个物联网市场的半壁江山。此外，报告还预测：到 2025 年全球范围内将有 18 亿移动物联网连接。这充分说明 5G 的 mMTC 应用场景市场具有美好的发展前景。

第二章 资本盛宴：全球科技巨头抢占 5G 资本风口

如果说 3G 提高了网速，4G 改变了我们的生活，那么 5G 则改变了人类社会。未来，5G 将渗透人类生活的各个角落，由此也带来巨大的资本风口，吸引着全球科技巨头为之“血战”，争相在 5G 商用方面占据领先地位，在全球范围内开启了一场声势浩大的 5G 资本盛宴。

国内巨头逐鹿5G领域

5G商用是时下的热门话题，全球巨头在拉开混战序幕的同时，我国国内的巨头也不甘示弱，希望自己能在5G领域脱颖而出，纷纷抓紧时间、注入资金开展研发工作。不仅有三大运营商在5G网络的运营能力、部署能力、业务开发能力、标准主导能力方面全面发力，手机设备商也在芯片研发与制造、手机研发与制造方面放大招，一个10万亿级的蓝海市场即将开启。

移动：推出5G+计划，5G网络试验持续推进

中国移动作为我国创建最早、规模最大的移动通信运营商，在5G方面部署最早。

中国移动一直以来都在积极推动5G的发展，无论在5G标准的制定，还是在商业应用方面，中国移动都保持领先优势。2018年，中国移动发布了“5G+计划”，主要包含4个方面，如图2-1所示。

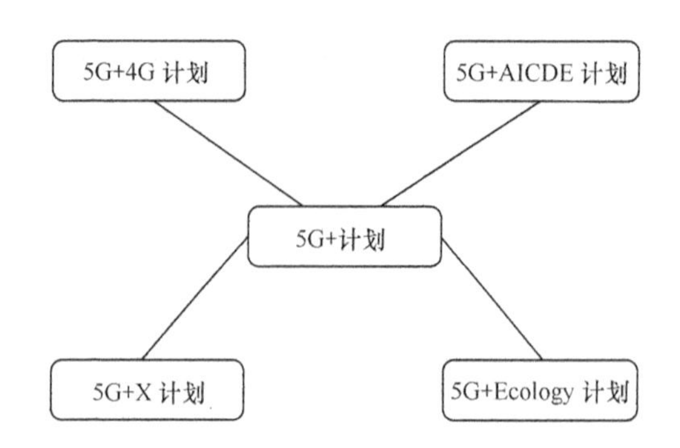

图2-1　5G+计划

1. 5G+4G 计划

“5G+4G 计划”是指 5G 和 4G 长期共存。中国移动将推出 5G 和 4G 协同，满足用户数据业务和语音业务需求。总的来说，“5G+4G 计划”包括以下几个方面。

（1）5G 和 4G 并存，实现技术共享、资源共享、覆盖协同、业务协同，推出先进的、品质优良的 5G 精品网络，如图 2-2 所示。

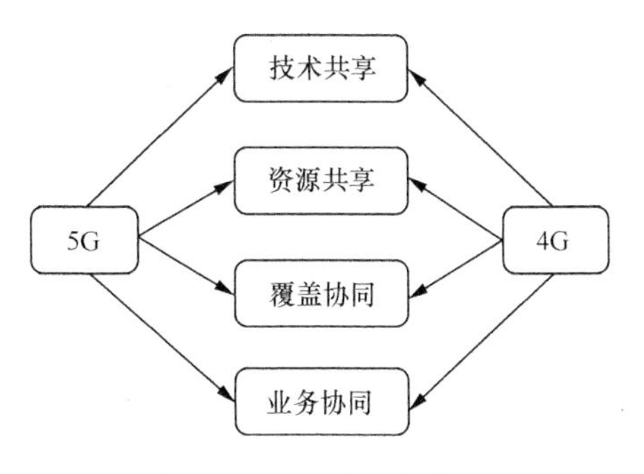

图 2-2　5G 和 4G 并存

（2）中国移动 2019 年在全国范围内建设超过 5 万个基站，在超过 50 个城市实现 5G 商用服务，并计划在 2020 年进一步扩大网络覆盖范围，在全国所有地级以上城市提供 5G 商用服务。

（3）强化 2.6GHz 和 4.9GHz 双频协同，打造立体化、智能化、高性能的 5G 无线网络。

（4）做好 5G 网络安全保障，强化网络安全核心技术研发和风险评估，防范各网络的安全风险，守护网络空间设施安全。

（5）计划全面提升 5G 端到端网络品质和服务能力，持续推动 5G 技术标准发展。

目前，备受关注的中国移动 5G 套餐正处于测试当中。测试统一套餐每月包含 200GB 流量，1000min 语音，100 条短信。与此同时，中国移动还提供“不换卡、不换号，便捷开通5G”的服务。4G用户，不用转网就可以直接升级为5G网络。此外，中国移动还采取多量纲[①]资费设计，打造出高速率、低时延、切片等多量纲、多维度、多模式的服务，5G流量的资费不会高于4G。

2. 5G+AICDE计划

“5G+AICDE计划”是指5G与人工智能（AI）、物联网（IoT）、云计算（Cloud Computing）、大数据（Big Data）、边缘计算（Edge Computing）几项新兴信息技术之间的深度融合和创新。

该计划的目的是打造以5G为中心的泛在智能基础设施，构建连接与智能融合服务能力、产业物联专网切片服务能力、一站式云网融合服务能力、安全可信大数据服务能力以及电信级边缘云服务能力，加速5G和AICDE各领域之间的互融互通，通过各领域之间效应的互相叠加，实现乘数效应，为各行各业高速发展提供更好的服务。

具体来讲，中国移动的“5G+AICDE计划”包括以下几个方面。

（1）5G与人工智能的融合

5G与AI的融合，重点目标放在网络、服务、管理、安全、应用五大领域，并且专注于吸纳人工智能领域的发展能力，打造统一人工智能平台，推出上百项人工智能应用。所以，中国移动不仅带来了网络的升级，更是智能应用、智能生活的新开端。

（2）5G与物联网的融合

中国移动推出5G与物联网融合的计划，是为了通过构建产业物联专网切片服务能力，为客户打造更加先进的物联网开放平台，以满足用户对本行业提出的个性化、定制化的服务需求。

① 量纲：物理量固有的、可度量的物理属性。

（3）5G 与云计算的融合

5G 与云计算的融合计划，是通过加快网络云化改造，构建以云为核心的新型网络架构，打造“最懂云的网”，并且计划通过广泛合作提升云计算基础设施能力，推出云互联、云专线、云宽带等一系列云服务产品。

（4）5G 与大数据的融合

中国移动计划 5G 与大数据融合，构建安全可信的大数据服务能力。通过 5G 与大数据的融合，打造行业领先的大数据能力平台，构建人到大数据的服务体系，更加有序地推动大数据在政府、金融、旅游、交通、零售等各行业的广泛应用。

（5）5G 与边缘计算的融合

中国移动推出的 5G 与边缘计算融合计划，是为了构建电信级边缘云服务能力，以此来加快建设广泛覆盖、固移融合的边缘数据中心，并提供电信级边缘公有云和定制化边缘私有云服务。

3. 5G+Ecology 计划

“5G+Ecology 计划”是指与各方共同构建 5G 生态系统。构建一个丰富多彩的 5G 生态系统，不仅仅靠运营商，还需要设备厂商、整个社会共同参与、共同努力才能实现。具体来讲，“5G+Ecology 计划”包括以下几个方面。

（1）构建 5G 开放型生态系统

中国移动构建 5G 开放型生态体系，主要与以下几个方面的“盟友”联合来实现：

① 联合与 ICT（信息和通信技术）有关的上下游企业，推动产业链逐步走向成熟；

② 联合重点垂直行业，推动 5G 与行业标准的深度融合；

③ 联合各种可用的社会力量，通过股权投资方式深化产业融合；

④ 联合高校研究所，加速 5G 和行业标准的深度融合；

⑤ 联合移动通信领域的其他运营商，通过市场化机制推进行业合作和 5G 共建共享。

（2）建立三大联盟，推进 5G 产业合作

建立三大联盟，即在 5G 终端、应用、内容三大领域分别升级或成立“5G 终端先行者产业联盟”、5G 产业数字化联盟、5G 多媒体创新联盟。

① 在 5G 终端方面，中国移动计划推动终端多模、多频、多形态的发展。

② 在 5G 应用方面，中国移动有百家伙伴优选计划、百亿资金腾飞计划、优惠资源享有计划等。

③ 在 5G 内容方面，中国移动推出高清、超清内容，包括内容的生产、传输、消费等诸多环节。

（3）推出 5G“BEST”新商业计划

5G“BEST”新商业计划中，“BEST”分别指的是借助基础（Basic）、使能（Enable）、专属（Special）3 种服务模式，共同创造 5G 时代（Times）。

① 基础服务向合作伙伴提供代计费、上网加速、人工智能语音交互等服务。

② 使能服务为开发者提供 5G+AICDE 能力。

③ 专属服务为合作伙伴提供开放 5G 底层网络能力，在此基础上为其定制网络。

4. 5G+X 计划

“5G+X 计划”是指对前 3 个计划进行的应用延展，即在“5G + 4G

计划”“5G + AICDE 计划”“5G+Ecology 计划”的基础上实现“5G+X 计划”，从而加速推动 5G 在更广泛的领域应用，获得更多的效益。

面向各行各业，中国移动将推出“网络 + 中台 + 应用”的 5G 产品体系。其中，“网络”是指 5G+ 新型基础设施；“中台”是指网络运营管理、深度连接管理、生态系统服务三大服务；“应用”是指深度嵌入客户生产管理流程，提供定制化的行业应用。

总的来说，中国移动的“5G+ 计划”充分说明其在 5G 领域抢占风口的决心和斗志。

联通：多维度布局 5G，为用户带来通信新体验

前有中国移动在 5G 领域开辟新天地，作为移动通信领域在 5G 网络研发的后来者，中国联通也摩拳擦掌，希望在 5G 资本盛宴上的这块“大蛋糕”未被分食完之前，快速占领优势地位。因此，中国联通也开始了新动作。

中国联通在 3G 时代占尽了先机，然而在 4G 时代失去了以往的火爆，中国移动在 4G 市场上实现了一家独大的竞争格局。如今进入 5G 时代，新一轮较量开始了。中国联通进行了以下布局。

1. 5G 网络布局

中国联通计划在全国 7 个城市建立 5G 实验网，这 7 个城市为北京、天津、上海、深圳、杭州、南京、雄安。

此外，中国联通还公布了一个 5G 网络部署计划——“7+33+n”。其中的“7”就是在 7 个城市的核心区域建立 5G 实验网，实现 5G 网络连续覆盖；“33”代表在 33 个城市的热点区域实现 5G 网络连续覆盖；“n”表示在 n 个城市的行业应用领域提供 5G 网络，即实现定制化的 5G 专网。

2. 5G终端布局

中国联通将终端看作5G网络商用的一个重要方面。为此其还发布了两大白皮书，即《中国联通5G行业终端总体技术要求白皮书》《中国联通5G通用模组白皮书》。

中国联通在2019年5月开启了开发者计划平台申请，测试认证环境也已搭建完成；2019年6月，5G终端共享资源池中提供了500多台试验终端模组。

当前，中国联通还在不断推进5G友好体验终端的端网协同认证工作。它还着手打造5G行业终端联合创新实验室，在5G行业终端产品研发、测试验证、应用孵化和业务推广等方面不断发力，以促进5G终端产业生态快速走向成熟阶段。

中国联通在5G终端方面的布局并不限于此。2019年7月，中国联通开始芯片模组产品技术认证、业务孵化转变成业务落地，形成商业闭环；2019年年底，完成模组、终端产品入库，并完成一定数量商用模组产品的采购工作。

值得一提的是，中国联通并不是只发展智能手机，而是将重点放在个人和家庭消费领域，采取多种智能硬件共同发展、协同创新格局的模式加速自身在5G终端方面的发展。

3. 5G应用布局

技术的研发，最终还是要回归到应用上来。中国联通在5G应用方面计划打造一个万亿元级别的5G应用新市场，还计划组织百亿级资金用于孵化5G项目。

（1）建立5G应用创新联盟

为了这个远大的目标，中国联通与32家合作伙伴共建中国联通5G应用创新联盟，重点发展方向包含：孵化行业应用产品；研究商业创新模式；推进行业标准制定；搭建资本合作平台；联合产品市场推广。聚焦的行业包括：新媒体、工业互联网、智慧城市、智慧交通、智慧医疗、智慧体育、智慧教育、智慧能源等。

（2）***启动领航者计划***

中国联通在5G应用方面还启动了领航者计划，汇集了产业生态优势资源，领航5G应用快速发展。

① 领航者计划的五大目标：

■ 打造200多个5G示范项目；

■ 建立50多个5G开放实验室；

■ 孵化100多个5G创新应用产品；

■ 制定20多个5G应用标准；

■ 聚合1000余家成员单位。

② 领航者计划的五大优势：

■ 网络和平台赋能，包括5G+AI能力、边缘计算能力、物联网使能平台能力、云能力；

■ 产业孵化赋能，包括网络及产品开放测试、超过1万个测试终端以及超过200个高级专家支撑；

■ 商业创新赋能，包括建设商业模式联合创新研究中心，开展超过1000场次联合商业推广；

■ 营销资源赋能，包括提供中国联通全国4级营销网络、超过6万个营销队伍支持；

■ 创投资本赋能，包括组织百亿级资金用于孵化5G项目，并进行联合投资及运营。

4. 5G品牌布局

中国联通是全球第一家发布5G品牌的运营商。中国联通打造的5G

品牌标识是"5G[n]"，其中的"n"代表了无数行业的无限发展可能，其口号是"让未来生长"。这一标识将会在中国联通的5G业务、产品、服务当中全面应用，为中国联通创建和提升自身5G全新品牌形象。

5. 5G国际布局

中国联通还将发展目标集中在5G的全球化布局上，联合海外电信运营商，包括西班牙电信集团、日本电报电话公司、法国电信集团、英国电信、中信国际电讯集团有限公司、美国信宇科技公司等共8家国际电信运营商，共同发布了5G国际合作联盟，共同开拓国际漫游市场。

通过与国际运营商联合发展，中国联通推出5G国际漫游全球化标准的制定，探索5G国际漫游产业合作模式的创新与发展，助力中国自主品牌5G终端走向全球。

6. 5G先锋计划

中国联通还推出了一个5G先锋计划，并且为该计划招募5G友好体验用户。凡是参与计划的用户，可以优先获得5G网络体验，一部专属5G手机、专属VIP特权、专属5G技术服务。友好体验用户可以享受"不换卡、不换号、不换套餐直接升级5G"的服务，也可以选择AAA靓号服务，享受5G时代不一样的通信新体验。

中国联通希望能够在5G竞争上打一个漂亮的翻身仗，在网络、终端、应用、品牌、国际、先锋计划方面进行5G布局，这体现出中国联通在5G业务上的雄厚竞争力。

电信：规划发展路线，全方位布局5G生态圈

在各大运营商竞逐5G、抢占资本市场之际，中国电信也为加快自身的5G发展以及2020年实现5G规模商用，在5G领域设计发展路线，

全面布局 5G 生态圈。

1. 积极推动 5G 全网通终端布局

终端是 5G 产业链的重要一环，是影响用户 5G 体验的关键。在 4G 时代，中国电信推出的全网通终端成为业界主流，给用户充分的网络选择权，同时也帮助终端厂家降低了多个模式、不同版本终端产品的研发和维护成本，也极大地消除了运营商之间的竞争壁垒，从而聚焦服务与创新。全网通手机目前已经通过了市场的验证，获得了消费者的青睐，同时也受到了渠道商的高度认可。在 5G 时代，中国电信将依然坚持引领全网通标准，在 5G 全网通终端的布局力度，较 4G 时代有过之而无不及。

5G 全网通手机的核心是同时支持 SA+NSA 双模，支持 3 家运营商（中国移动、中国联通、中国电信）的 2G、3G、4G、5G 网络，支持双卡自由切换，用户可以实现“一机在手、双卡双待、三网通用、四海通行、5G 畅想”。

为此，2018 年 9 月，中国电信颁布了《中国电信 5G 全网通终端技术指引》《中国电信 5G 终端全网通白皮书》；2019 年 4 月，中国电信又颁布了《中国电信 5G 终端白皮书》。

2. 创新合作，全面推动 5G 终端成熟布局

2019 年，中国电信的 5G 布局正进入最后的商用冲刺阶段，终端通信能力将全面成熟，业务应用也将有创新性突破，产品形态也都趋于多样化、丰富化。由于 5G 发牌比预期要早，产业需要尽快推动 5G 终端成熟。然而，这项工作却面临时间短、任务重的局面，对任何一家运营商来说，都是一项巨大的挑战。

只有通过广泛、深度的合作，才能有所创新，使终端设备供应商、技术服务提供商、通信运营商、应用开发商、垂直行业等有效发挥

自己的优势，实现各方共同成长，推动 5G 产业的快速成熟。中国电信正联合终端商、设备商等产业链伙伴，为共同促进 5G 终端成熟而努力。

进入 5G 时代，人们之间实现互联互通的设备不仅仅是手机。未来 5G 终端将实现泛智能化，一切移动设备甚至居家电器等都能成为人与世界连接的工具，如手表、平板、VR 头盔、电冰箱、机器人等，都有可能成为常用的 5G 终端设备。

为此，中国电信将持续推进 5G 全网通、创新泛智能发展策略，并在芯片、射频天线、全网通终端以及智能应用等领域与产业链合作伙伴，包括品牌厂商、仪表厂商、芯片厂商等达成共识，共建 5G 终端研发联盟，以达到繁荣 5G 终端产业的目的。

2018 年 8 月，中国电信成立了 5G 终端研发联盟，与产业伙伴之间建立了合作关系，在标准建立、产品试验、生态构建方面，持续推进了 5G 终端成熟。此外，同年 9 月，中国电信打造的 5G 终端开放实验室也正式成立，并与 8 家 5G 终端厂家、6 家芯片厂家、5 家仪表厂家，以及若干家 5G 器件和应用供应商，先后开展了终端性能对比、终端双卡研究等十几项专项课题研究，并且还将相关研究成果与终端产品的应用进行共享。

中国电信在这方面布局的目的就是通过终端的能耗低、套餐办理便捷、内容应用丰富等这些差异化优势让用户能够接受终端的价格。为此，中国电信还出台终端激励政策，通过降低成本的方式促进 5G 终端规模的增长。

中国电信已经与中兴、华为、vivo 达成合作关系，推出了中兴 Axon10 Pro 5G 版、华为 Mate20 X（5G）、vivo IQOO pro 3 款 5G 手机。后续还会有大批由中国电信鼎力支持和打造的 5G 手机上市。

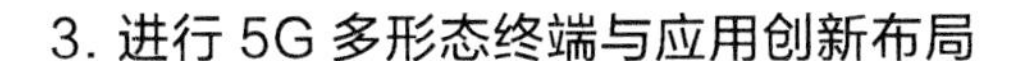

3. 进行 5G 多形态终端与应用创新布局

5G 时代，终端设备将走向更加智能化之路，中国电信将持续加强产业链合作，在加快推进 5G 终端的全面成熟和 5G 全网通终端布局之余，重点在 5G 应用创新方面进行布局。

中国电信已经提出了无人驾驶公交车，车内的状况和外部场景都可以通过 5G 网络实时传输到监控中心。监控中心可以对车内外的情况进行实时监测。

中国电信在 5G 应用过程中，还将全球信息化进程作为其转型升级的重要战略。在未来全面进入 5G 万物互联的时代，中国电信还将通过从“连接”到“联结”，与联盟成员充分融通，共享各项应用，在高清视频、AR/VR、无人机、网络切片等方面进行创新应用，同时还致力于在电力、医疗、警务、智慧城市等传统领域融入 5G，将 5G 的应用提升到一个全新的高度。

中国电信在 5G 领域的布局有目共睹。其正在为全面推进 5G 发展路线、全方位布局 5G 生态圈、加速 2020 年 5G 商用阶段落地而不懈努力着。

华为：围绕“端、管、芯、云”，构建全场景智慧生态

5G 时代正在加速向我们走来。在全球运营商加速布局 5G 的同时，华为作为中国最大的通信设备商，作为 5G 技术的领导者，也大踏步走在 5G 商用的道路上。

其实，华为从 2009 年就开始在 5G 领域进行布局。2009—2013 年，华为在 5G 技术上的投资超过了 6 亿美元；2017—2018 年，华为用于 5G 产品的研发资金将近 14 亿美元。

截至 2019 年上半年，华为在全球的 5G 商用合作伙伴已经超过 50

个，同时已经获得50个5G商用合同，超过25000个5G基站已经发往全球各地。2019年年底，超过50000个5G基站发往全球各地。

在5G商用的道路上，华为作为5G技术的领导者，主要围绕“端、管、芯、云”，构建全场景智慧生态。

1. 端：端到端技术打造全场景生态

华为在5G终端产品上也先人一步。在端到端技术方面，华为最早的战略是针对IoT产品提出的“1+8+*N*”战略。其中，“1”是智能手机；“8”是PC、平板、TV、音响、眼镜、手表、车机、耳机八大业务；“*N*”是指移动办公、智能家居、运动健康、影音娱乐及智能出行五大板块。这最终将成为华为更为开放的5G全场景生态。

在智能手机方面，华为基于5G商用芯片——巴龙5G01的全球首款5G商用终端——5G CPE诞生了。这意味着华为是行业中唯一能够提供包括商用5G CPE[①]的5G端到端产品与解决方案的厂商，技术成熟度比同行领先。华为Mate 20X 5G版已经获得我国首张5G终端电信设备进网许可证，编号为001。

在智能家居方面，华为与博西家电联合构建5G智能家电实验室；与海尔在5G智能家居方面进行合作；与苏宁签署了智能家居战略合作协议，宣布在智能家居领域进行技术、生态、产品、渠道等多个层面的深度合作，共同倡导建设国家级的智能家居行业标准和规范。

如今，华为将自己原有的战略进行了转变，将战略中的“8”提升为PC、平板、穿戴、HD、AI音箱、耳机、VR、车机，从而确立了新的5G全场景生态。

---

① CPE，即客户端设备。

2. 管：车路协同技术，加强交通安全管理

自动驾驶、智能网络是新一代信息产业加速发展的标志性产物，推动着经济社会的持续变革。智能网络在交通领域主要体现在车路协同上。网络与智能相结合，智能的车与智慧的路相结合，从而构建了一个立体的、更加安全的智能交通管理体系。

华为是业界唯一一个端到端提供 C-V2X 智能网络车路协同解决方案的供应商。其是提供摄像头、雷达等路侧感知终端和包含路侧单元 RSU 和路测计算设备 RSS、V2X Server 等在内的解决方案，能有效提升交通运营效率。此外，华为还将推出智能感应基站，搭建从车辆、管道到业务应用的全景式解决方案。目前，江苏、北京、上海、广东、海南等地已经开始打造该项标杆项目，加速推进我国智慧高速、智慧交通的发展。

3. 芯：从“芯”出发，做行业中的领跑者

在产品研发方面，华为从芯片的研发出发，并且已经在芯片的研发方面取得了一定的成功。2019 年年初，华为发布了新一代自研 5G 多模终端芯片 Balong 5000，使华为成为行业中的领跑者。

Balong 5000 芯片，不但体积小、集成度高，而且能在单芯片内实现 2G、3G、4G、5G 多种网络制式，是业界首款支持 TDD 和 FDD 全频段的基带芯片。它同时还支持多种应用，包括智能手机、家庭宽带终端、车载终端等。

4. 云：应用场景云端化

（1）云电脑

云电脑是华为打造的 5G 应用场景之一。云电脑就是依托于 5G 技术而构建的云端虚拟主机，可以将其看作一台移动的工作站。

云电脑可以作为可移动工作站、游戏主机等来使用；可以降低硬件

运营成本、弹性算力随用随取随还；能够作为校园课件的辅助工具，对校园课件内容进行辅助性管理、分发，不需要额外使用 VR/AR 头盔实现沉浸；可以辅助远程医疗，为医生诊断提供更立体、更精准的画面信息。

（2）云游戏

2019 年 6 月 17 日，华为发布了云游戏管理服务平台。玩家可以通过手机、平板、PC、机顶盒等终端接入，通过大量的华为 5G 基站，连接到华为云游戏服务器。该平台整体基于华为云的“云—管—端”的协同优化，给玩家带来最佳的游戏体验。

5G+ 云游戏将对游戏市场产生巨大的影响。

一方面，用户的游戏设备不需要具备强大的图形计算与数据处理能力，同时也不需要下载庞大的游戏客户端，仅需要拥有基本的流媒体解码播放功能即可。这大大地降低了用户的游戏成本，将给用户带来更好的游戏体验。

另一方面，云游戏方案释放了游戏开发商的创造力，可以在游戏设计时突破对手机硬件条件的考虑，开发出更精美、更大型、更复杂的游戏体验。随着 5G 网络的发展和云计算技术的不断成熟，云游戏将会得到更大的普及。

（3）云 VR/AR

云 VR/AR，即将渲染计算放在云端。当渲染被云化之后，5G 成为云 VR/AR 给用户带来极致体验的保障，有效避免用户在使用时产生的眩晕感，确保宽带超过 100Mbit/s，时延 <20ms。未来，云 VR/AR 将会有更多的应用场景，如定制类产品交易、浸入式教学等。

华为在 5G 领域的发展得到全球的认可，因此华为包揽了行业中几大关键奖项，包括 5G 演进杰出贡献奖、最佳基础设施奖、5G 研发基础贡献奖、世界互联网领先科技成果奖、最佳行业解决方案奖。这些奖项足以证明华为作为 5G 领域的探索者，具有很强的洞察力和预见性、创新力。对于未来华为在 5G 领域还会有哪些创新发展，我们拭目以待。

中兴："三步走"战略，推进 5G 商用进程

5G 实现商用，不仅运营商大力布局，各大手机通信厂商也纷纷进行全面布局。除了华为这样走在最前列的领军者，中兴也早已做好"作战"准备。而且中兴在 4G 向 5G 发展的过渡阶段，也是冲得最快、走得最远的通信厂商之一。

早在 2014 年，中兴首先提出了 Pre 5G 的概念，并主张 5G 技术要 4G 化，而实现这一点的典型技术就是新型多天线传输技术（Massive MIMO）。由此，2016 年中兴在 5G 方面获得了两项全球技术奖。

中兴在 5G 领域发展的脚步从来没有停止过，它确立了"三步走"战略，向全球 5G 商用竞争发起进攻，推进自身 5G 商用的发展进程。

2019 年，中兴已经拥有强大的 5G 团队，分布在全球至少 7 个国家，在 3GPP 的 3 个核心专题中都有参与。对于 5G，中兴也制定了 3 个阶段性目标，即"三步走"战略。

第一步：创新——平滑演进 5G

Massive MIMO 作为 5G 的关键技术之一，在提升频谱效率和空中接口数据速率上起到了十分重要的作用。中兴从 Massive MIMO 入手，经过两年多的探索研究和商用实践，有关技术方案和产品得到了业界的认可。目前，在中国移动、日本软银等运营商规模部署 Massive MIMO 的过程中，中兴率先获取了大量实际网络中 5G 应用场景的商用经验，为以后 5G 商用的部署带来了极为珍贵的数据参考价值。

第二步：实践

2019年，全球5G商用还处于试验阶段，4G还处于主导地位，因此急需一种过渡性网络建设方案。中兴创新性地提出了Pre 5G理念，即实现5G技术4G化，同时还兼顾LTE技术后向演进技术，即LTE-A Pre。中兴通过提前商用Massive MIMO等5G关键技术并兼容现有终端，让现有4G网络用户受益，同时也帮助运营商获取大量实际网络场景中的经验和数据，为3GPP提供了许多价值非常高的5G应用场景下的真实数据，这些数据可以作为后续5G商用的参考。中兴的Pre 5G解决方案已经在全球许多国家成功部署。

此外，中兴联合中国联通、中国电信、印尼电信等运营商测试验证了FDD Massive MIMO方案。中兴还参与了在国内举办的全球最大规模的5G试验外场测试。坐落在北京怀柔的国家5G二阶段测试外场，就有中兴的身影，它不但参与了四大技术（低频、高频、mMTC、uRLLC）的验证，还参与了七大场景（连续广覆盖场景、低时延高可靠场景、低功耗大连接场景、低频热点高容量场景、高频热点高容量场景、两大混合场景等）的验证测试。

第三步：使能

中兴始终以3GPP主导下制定的5G标准为标准，为了推动5G尽早实现商业化，中兴投入了大量资源支持5G的生态圈发展。不仅如此，中兴还加入了5G汽车联盟，共同推动智能车联网产品和服务的发展。未来，中兴还将继续加强5G与传统行业的深度结合，让5G在各行业赋能，使5G展现出更强的生命力。

在国家5G测试方面，中兴在全球也处于领先水平。其在这方面所取得的优异成绩，证明中兴进行多厂家联动、跨行业合作取得了成功。

国外巨头大肆挺进 5G 市场

国内 5G 发展势头迅猛，国外 5G 市场竞争不断升温，众多巨头看好 5G 的市场前景，纷纷向 5G 市场挺进，以求分得一杯羹。

三星：从手机做起，全面实现 5G 商用化

当下，虽然人们习惯并依赖于 4G 给我们带来的便捷、高效的生活，但 5G 时代已来，未来一切都将得到更加极致的进化。

三星作为全球知名的电子设备生产商，一直专注于挖掘用户需求，持续以创新引领市场，成为世界通信市场的弄潮儿。它凭借智能手机、穿戴设备、平板电脑等一系列 4G 家族产品的强大阵容抢占了市场中的较多流量，让很多终端生产商望尘莫及。在这些 4G 产品的不断沉淀下，三星拥有庞大的用户规模和市场份额。

5G 时代已来，三星更是抓住这一机遇扩大自己的版图。目前，三星已经向韩国的 3 家运营商提供了 5G 核心解决方案，并且已经建成了 53000 多个 5G 无线基站。自 2018 年 12 月 1 日以来，韩国运营商一直在首尔和大都市地区通过三星网络业务部门的 5G 基站和 5G 核心网解决方案传输 5G 信号。

三星的 5G 布局并不限于此，它的全方位布局具体包括以下个几个方面。

1. 重点布局手机领域

作为电子设备生产商，三星依旧用手机研发来“打头阵”，以此描绘自身在 5G 时代的宏伟蓝图。2019 年 4 月 5 日，三星 Galaxy S10 5G 版在韩国正式开售，成为全球第一款正式发售的、可以商用的 5G 智能

手机。

2. 布局“以软带硬”策略

在5G时代，数据流量将大幅增加，这些大量数据中隐含着众多使用者信息，对三星这样的终端生产商来说，无疑是一笔巨大的无形财富。三星更是看到了这一点，充分挖掘和运用大数据为自身服务，以便在5G时代能够占据一席之地。

为此，三星采取“以软带硬”的策略：除了参与制定5G通信标准、研发5G基站以及5G网络通信设备之外，还收购了西班牙网络与服务分析AI创新厂商Zhilabs，以增强自身的5G能力。同时还希望借助Zhilabs公司的力量挖掘有用的数据信息，为用户提供更加优质的网络服务，推出更加适合用户的创新性5G硬件产品，如5G基站、5G手机等，进而创造出更多产品销量，实现利润的大幅上涨。

3. 智能物联系统布局

三星作为科技巨头，在5G领域的投入从未停止过，不仅率先与全球领先的网络运营商开展了深度合作，而且还研发了与5G有关的几乎所有产品，包括智能手机、智能手表、智能家电、智慧医疗产品等。显然，在推动全球5G商用进程中，三星起到了很大的推动作用。

三星凭借智能手机、智能穿戴等产品，在5G网络的基础上打造了一个开放的IoT新生态系统，将一切可以通过5G网络连接起来的产品通过智能手机、智能穿戴连接起来，实现真正的智能物联。

4. 人工智能布局

人工智能的发展需要大量数据作为支撑，而这些数据的传输需要5G来推动，所以5G可以被看作人工智能所需要的“氧气”，并且不可或缺。三星在早期就开始专注于人工智能的研发和探索，并在这方面加大了技术和资金的投入。目前，三星已经掌握了 5G 网络所需要的复杂技术，成为 5G 技术的先行者，三星旗下的 Galaxy S/Note 系列手机已经率先使用其发布的人工智能语音助手 Bixby。当 5G 真正进入商用时，三星还会通过 5G 网络将所有的设备都植入人工智能系统。

5G 浪潮已经汹涌而来。随着 5G 的普及，三星将顺应时代的发展潮流，紧抓用户脉搏，在更多的领域进行 5G 布局，为 5G 商用创造出更多可能。

诺基亚：5G 专利布局，创造专利竞争优势

提到老牌手机，我们脑海中必定少不了诺基亚的身影。诺基亚在 2G 时代红极一时，在整个移动设备领域扮演过十分重要的角色。

诺基亚虽然此前遭受了一些挫折，在 2013 年将手机业务卖给了微软，但诺基亚手机品牌得以保留。从 2016 年年底开始，诺基亚东山再起，重新以诺基亚品牌生产和销售智能手机，并在市场中取得了不错的成绩。

如今，5G 时代已到来。诺基亚抓住布局 5G 的机会，为自己的发展寻求新的商机。

当前的诺基亚主要业务由两部分构成，一部分是诺基亚创新科技，主要从事新技术研发、专利授权、数字健康等；另一部分是诺基亚通信技术，其主要业务是为全球的电信运营商提供基站、通信设备等相关产品，进行 5G 网络技术的研发，这部分的营收几乎是整个诺基亚的全部营收，占有比例高达 90%。

诺基亚 5G 技术的全球布局，主要在于 5G 专利的布局。近年来，诺基亚全球 5G 专利申请量猛增。诺基亚进行 5G 专利的布局，为自身创造了有力的竞争优势，主要体现在以下几个方面。

1. 5G 技术综合实力较强

2019 年 1 月 3 日中国信通院发布的《通信企业 5G 标准必要专利声明量最新排名》中的数据显示：诺基亚的 5G 标准必要专利声明量达到了 1471 件，在所有的通信厂商当中排名第二，占比达到了 13%，仅次于华为。这足以显示出诺基亚在 5G 领域占据的专利主导地位。

同时也说明，诺基亚虽然在手机业务方面不突出，但在通信技术研究方面，却有足够强大的 5G 布局意识和能力，保障了其在 5G 专利上的强势话语权。因此，诺基亚虽然不生产实体手机，但拥有大量的 5G 技术专利，这样，它可以依靠专利费而获得丰厚的利润。

2. 5G 技术专利含金量较高

通常，5G 相关专利大致分为 3 类：无线电前端/无线接入网络、调制/波形、核心分组网络技术。诺基亚在这 3 类中均有相关研发，而且投入比较均衡。诺基亚在 5G 领域的专利研发速度惊人，当前有大部分专利还处于审核阶段，而其他通过审核的专利已经获得授权。这表明诺基亚的 5G 专利价值较高。尽管诺基亚的 5G 专利价值较高，但诺基亚的专利费用却只有 3 欧元，相对于高通、爱立信等专利持有公司的收费标准却低很多。

3. 5G 技术专利看好中国市场

诺基亚是非常看好中国市场的，其在中国的 5G 专利布局占比为 22.8%，仅次于美国。诺基亚与中国厂商开展了大量合作，在我国的大量 5G 专利申请中，有 30% 是由诺基亚和中国华信成立的诺基亚贝尔公司申请的。

诺基亚乘着 5G 之势，再加上其强劲的技术研发和周密的布局，在 5G 领域实现了华丽的转身。未来，诺基亚可能会通过 5G 授权费用赚得盆满钵满。

爱立信：5G 布局持续推进，合作与自我发展并进

一直以来，爱立信都是移动通信领域的佼佼者，其在 2G、3G、4G 时代被世界各大运营商广泛使用。随着 5G 时代的到来，爱立信也开始做准备。爱立信在 5G 领域的布局走的是持续推进、合作与自我发展并存的路线。

爱立信在 5G 领域的布局其实早已有之。

2015 年，爱立信的硬件就已经支持 5G 网络的使用了。

2016 年，爱立信的 5G 布局更加深入：首先，爱立信进一步引入 5G 漫游联合网络切片技术，与韩国电信、德国电信联手，创建并演示了全球首个跨洲的 5G 试验网。这一技术使不同运营商达成协议之后，可以彼此开放网络，将业务托管给合作伙伴，从而让用户在漫游到其他运营商网络时，依旧可以获得完全一致的网络切片体验。其次，爱立信还推出了全球首个 5G NR 无线设备 AIR 6468。AIR 6468 不但可以全面提升运营商的 LTE 网络性能，还可以在 5G NR 标准确定后，不更换现有设备，就能通过软件升级实现向 5G 的平滑过渡。最后，爱立信还携手中国移动展示了 5G 无人机技术；与德国跨行联盟启动了 5G 高速公路项目；与高通和韩国电信合作开展 5G NR 试验；与伦敦国王学院联合展示 5G 触觉机器人手术。

2017 年，爱立信在 5G 方面的布局包括：首先，在欧洲，爱立信牵头并与多家合作伙伴开展 5G 汽车项目；与英国沃达丰携手伦敦国王学院在一个 3.5GHz 频谱现场试验中，使用原型终端测试了独立的标准 5G；与德国电信携手共同构建了 5G-Ready 网络。其次，在美洲，爱立信助力 Verizon 在全美国测试 5G 业务，并且携手推动移动生态合作体系，加快实现 5G 商用。最后，在亚洲，爱立信携手中国移动完成了 5G

核心网实验室测试，与日本软银共同演示28GHz频段的5G技术。除此之外，爱立信还在5G远程遥控机械臂、5G混合现实采矿两方面有所建树。

2018年，爱立信与T-Mobile美国公司签订了一份价值35亿美元的合同，对T-Mobile公司在5G网络方面的部署给予有力的支持。同年，爱立信推出了首个5G小基站。这个基站的推出，主要用来满足5G时代用户在室内使用移动宽带的需求，同时也可以支持新兴5G工业应用和联网采矿工作。

2019年，爱立信与全球17家电信运营商共签订了43份5G商业合同，其中5G通信基站供应超过300万台。同年2月25日，在西班牙巴塞罗那召开MWC的前夕，爱立信宣布与OPPO合作，签署专利许可协议为5G布局保驾护航。这项协议的签署，进一步验证了爱立信FRAND许可实践。截至2019年2月，爱立信已签署了100多项专利许可协议。

5G是未来的新战场，市场前景广阔，玩家也越来越多，因此，5G领域产业增长未来可期，同时，由此带来的竞争也将越来越激烈。爱立信作为5G领域的探路者和领路人，既有机遇又面临压力。

高通：全球开放布局5G，推动5G商用

美国高通是全球3G、4G技术研发的领先企业，涉及很多电信设备和消费电子设备的品牌。然而，高通一直都走在不断突破移动通信科技的路上。高通全球开放布局5G，迎接5G商用时代的到来。

高通在5G领域的布局主要有以下几个方面。

1. 布局移动侧及云端AI

高通在业界被认为是最具前瞻性和潜力的企业，在探索5G布局的

路上，高通将移动侧及云端 AI 作为重要布局方向。

例如，2019 年 4 月 9 日，高通发布了一款专用 AI 处理器 Cloud AI 100。它是高通研发的一款人工智能芯片产品，采用 7nm 制作工艺，集编译器、调试器、分析器、监听器、服务器、芯片调试器等多种工具于一身。因此其性能比目前业界最先进的 AI 推理解决方案要高出 10 倍以上。它将高通的技术拓展至数据中心，也将人工智能带到了云端。

2. 参与全球 5G 创投活动

高通在全球 5G 商用过程中不遗余力，推动 5G 生态向前发展。高通创投部门的使命就是“围绕母公司战略目标，为高通提供外部创新的洞察，加速并影响产业链的同时获得良好的财务回报”。在明确自身职责之后，高通全面参与全球 5G 创投活动。中国是高通创投在全球投资活动中最为活跃的地区之一。

相关数据显示，截至 2019 年上半年，高通创投已经在 7 个国家设立了投资团队。目前，在全球管理超过 150 家活跃的投资组合公司，其中 40 多家分布在中国。

3. 与生态系统合作伙伴合作

骁龙是高通的一款迄今为止最先进的处理器，更是率先推出全球首款支持 5G 的移动产品，如谷歌、科大讯飞、高汤科技等这些大众耳熟能详的公司，都是高通 AI 生态链中的合作伙伴，其中有很多也是高通创投给予过资助的公司，这些公司都是在 5G+AI 领域或多或少有所研究的企业。

例如，科大讯飞作为国内智能语音领域的领先者，借助 5G 在人工智能领域的研究和创新突飞猛进。因为人工智能的主要因素就是可以学习和对话，所以语音在人工智能领域是不可或缺的一部分。

4. 疯狂推出5G设备

2019年1月8日，在美国拉斯维加斯举办的CES（国际消费类电子产品展览会）上，高通表示在2019年5G商用阶段推出30款5G设备，主要是智能手机，而大部分5G手机将会采用高通骁龙X50调制解调器，高通已经赢得了几乎所有手机厂商的合同。

总之，5G时代的竞争越来越激烈，高通在5G领域的发展速度也越来越快。

思科：Wi-Fi 6技术与5G实现无缝衔接

思科公司是全球领先的网络解决方案供应商，主要致力于网络建设。组成互联网和数据传送的路由器、交换机等网络设备市场几乎都是思科公司的天下。思科的作用是为无数企业构建畅通无阻的网络保驾护航。

随着移动通信网络的发展，Wi-Fi作为当前使用十分广泛的无线网络传输技术，不但不需要布线，而且可以不受布线条件的限制。Wi-Fi自1999年诞生以来，已经存在了20多个年头，改变了人们的生活、工作、学习习惯。2018年10月4日，思科推出了最新的网络协议标准Wi-Fi 6（标准为802.11ax），在当前5G即将全面进入商用之际，思科在5G领域也有自己的布局计划：实现Wi-Fi 6技术与5G的无缝衔接。

当前，传统的4G网络给人们带来了便利，人们在享受美好体验的时候，却很少关注如何使4G网络与Wi-Fi相协同、相兼容。随着5G技术的出现，再加上网络上各种电子产品之间构建的万物互联的世界，Wi-Fi也将在这个连接网络中发挥着关键性作用。

当前，我们的手机使用的是 4G 网络，大家在进入室内时，会有这样的体验：4G 网络自动切换为 Wi-Fi 时，往往中间会有一段过渡时间，导致切换并不是很流畅。

针对这样的问题，思科有望成为一种“黏合剂”，将不同的无线标准，即 5G 和其发布的 Wi-Fi 6 结合在一起。可以想象这样一个场景，当我们在办公室外面时，手机连接的是 5G 网络，当我们进入办公室时，手机连接的网络就会快速切换为 Wi-Fi 6。在整个切换过程中，Wi-Fi 6 与 5G 搭配，这两种技术是互补的，而且两者实现了无缝过渡。

显然，思科作为一种连接网络的“桥梁”，可以更好地实现 5G 和 Wi-Fi 6 的无缝切换，有效提升切换速率。

延伸阅读

5G 争锋时代，苹果公司在忙什么？

5G 时代，除了运营商之外，各电子设备厂商也纷纷加入这场阵容强大的“混战”当中，争当 5G 时代的王者。苹果公司作为一家国际化大公司，它的一举一动都会引起世界的关注。正当全球众多电子设备厂商在 5G 的细分市场上疯狂创新之际，备受瞩目的苹果公司又在干什么呢？苹果公司在 5G 领域又有什么样的重大布局呢？

由于苹果公司的调制解调器供应商英特尔公司的芯片在 2020 年之前无法在手机上使用，这就意味着苹果无缘在 2019 年参与 5G 商用试验。然而，苹果公司作为全球市值最高的上市公司和处于技术前沿的手机制造商，并不会甘心就这样落后于他人。为了不受限于英特尔，苹果公司正在自主研发自己的调制解调器芯片。所以，就目前来看，全球众多电子设备厂商奋力布局5G并已经走向商用试验阶段，而苹果公司在5G领域已经掉队。

然而，2019年是5G商用试验阶段，2020年才是全球正式迈入商业化。如果苹果公司的iPhone能够在2020年提供5G支持，还为时不晚，我们拭目以待。

第三章
部署计划：争做 5G 时代的领跑者

5G 时代正悄然向我们走来。全球范围内正掀起一场疯狂布局 5G 的热潮。随着 5G 商用离我们越来越近，美国、中国、韩国、日本等国家正在大力推进 5G 相关产业，争做 5G 时代的领跑者。

欧美

以往，欧美地区的移动通信发展在全球范围内处于领先地位。例如，第一代移动通信网络（1G），我国就比欧美国家晚了 8 年；2G 时代晚了 4 年；3G 时代晚了 8 年；4G 时代晚了 4 年。如今，5G 时代已然向我们走来，欧美国家在 5G 时代是否依旧能够成为领跑者呢？它们又有什么样的部署计划呢？

美国：5G 布局正在进行，实现商用尚需时日

美国被认为是当今世界上的科技强国，在多个领域、多个行业的核心技术上都处于世界领先地位，如芯片、航天、生物、医学等。而且还拥有实力雄厚、影响力巨大的科技公司，如苹果、英特尔、高通、微软、思科、亚马逊等，再加上极具科研能力的世界名校作为依托，如哈佛大学、斯坦福大学、麻省理工学院、耶鲁大学等。

这些无疑都在证明美国是一个科技强国，在科技研发领域具有强大的实力。然而，在 5G 技术方面，美国并没有一如既往地担当其领头羊的角色，反而落了下风。我们从美国 4 大移动运营商的 5G 进展情况就能发现端倪。

1. Verizon

Verizon 是美国最大的移动运营商。2018 年 10 月，Verizon 宣称自己是美国首家推出商用 5G 服务的主要运营商。Verizon 为了在 2018 年已定的日期实现 5G 商用，在移动基站和客户家中安装了非正式 5G

标准的“5G Home”。5G Home 采用 5G 固定无线接入技术，在居民住宅附近搭建 5G 基站，通过基站天线发射的毫米波波束连接家庭里的 CPE 终端（如笔记本电脑、台式电脑、iPad、手机、电视、冰箱、路由器、VR 设备、智能开关、智能插座等），为家庭提供无线宽带业务，如图 3-1 所示。通常，5G Home 的应用场景是郊区或城镇等非网络需求密集区域，能够为更多的家庭用户服务。

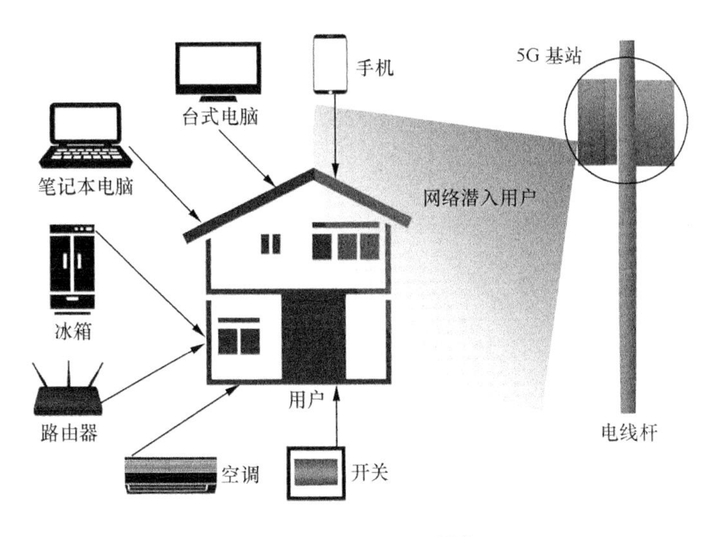

图 3-1　5G Home 服务

值得一提的是，Verizon 提供的 5G Home 服务是 Verizon 率先与多个厂家联合制定的 5G 标准，这样的 5G 标准并不是基于 3GPP 的 5G 技术标准，而是 Verizon 自身推出的一种迈向 5G 的过渡性服务。真正的 5G 标准，Verizon 在 2019 年下半年才推出，这也就意味着之前 Verizon 打造的 5G Home 服务要暂时停止扩大范围。

2. AT&T

AT&T 是美国 4 大运营商之一。2018 年 12 月 21 日，AT&T 在

美国十几个城市正式推出“5G+”服务。从整体上看，“5G+”的服务范围更广，比Verizon打造的5G Home服务更加完善。虽然“5G+”是基于3GPP标准的移动通信服务，但当前还没有支持“5G+”的商用手机，这个移动通信服务终端是一款移动路由器，用户可以作为热点使用。

AT&T在5G领域的布局与Verizon相比可算是后发制人，但不久问题也随之而来。一位来自美国印第安纳州的技术控在对AT&T的5G移动路由器进行网速检测时，发现其下载速率不到200Mbit/s，这样的下载速率与4G相差无几。经过多方验证，这个让人不敢相信的事情被证明是真实的。就这样，AT&T的“5G+”被认为是4G LTE网络的升级版本，而并非真正的5G技术。

3. T-Mobile和Sprint

T-Mobile和Sprint分别是美国第三大、第四大移动运营商。在5G即将来临的时刻，二者计划合并为New T-Mobile，以便在5G技术上共图大业。

New T-Mobile原本计划在2024年实现5G网络覆盖2.93亿人口，平均网速达到451Mbit/s，峰值速率达到4.2Gbit/s的目标。New T-Mobile在频谱资源上，拥有Sprint的2.5GHz中频段，拥有T-Mobile的600MHz低频段和毫米波高频段，可利用Sprint和T-Mobile两者的低、中、高频段网络进行重新组网，即用600MHz作为覆盖层、2.5GHz作为容量层、毫米波作为高容量层（热点）。这样既提供了网络广覆盖，又提供了大网络容量，从而建成一张美国历史上最广覆盖、最高容量的移动网络。然而，制订计划容易，实施计划难。虽然Sprint在2.5GHz上拥有丰富的频谱资源，但T-Mobile的600MHz与4G网络的600MHz相互重叠。这样受限于生态与频谱重耕两大因素，

New T-Mobile 的 600MHz 5G 建设在 2019 年难以实现，应该会在较晚的时候才能变为现实。

从美国四大移动运营商目前的 5G 布局来看，美国真正迈向 5G 商用阶段还需要一定的时间。

瑞士：寻求实力伙伴，全面提供 5G 服务

随着 5G 技术的日臻成熟，全球 5G 商用时代的全面爆发在即，各国都在积极部署，抢占先机。瑞士作为欧美国家中的一员，也想在 5G 领域有所作为。

1. Swisscom

Swisscom 是瑞士最大的电信运营商。2019 年 4 月，Swisscom 与爱立信宣布双方达成合作关系，开启欧洲首个大规模 5G 商用网络，支持商用智能手机。截至 2019 年 4 月，Swisscom 的 5G 商用网络已经开始在全国范围内进行覆盖，网络覆盖的城市和社区已经达到了 54 个，主要是人口聚集密度较大的区域，包括苏黎世、伯尔尼、日内瓦、巴塞尔、卢塞恩等。

随着 Swisscom 对 5G 网络商用的推动，瑞士 5G 网络商用正朝着创新应用和创新商业模式的方向发展。同时，更多的 5G 终端设备正不断走向市场，为消费者带来更好的 5G 服务体验。Swisscom 还计划与爱立信一起努力将其 5G 网络覆盖瑞士全境近 90% 的人口，届时一个基于 5G 网络的全新数字世界将出现在民众面前，使无论生活在城市，还是生活在农村或者山区的民众都为 5G 的商用而欢欣鼓舞。

2. Sunrise Communications

Sunrise Communications 是瑞士第二大电信运营商，主要是提供移动、固网、互联网和电视综合服务。其希望自己在 5G 时代能够进一

步提升自己的竞争力，进而提升瑞士国家的整体5G竞争力，因此抢占5G先机就是一条非常好的途径。Sunrise Communications的眼光十分独特，而且具有前瞻性。

Sunrise Communications作为瑞士5G网络的先行者，早在2017年12月就联合华为完成了基于5G端到端的网络业务的演示，在3.5GHz黄金频段下，下行速率就已经达到了3.28Gbit/s。2018年6月，Sunrise Communications就完成了首个5G网络的商用部署。之后，Sunrise Communications又选择与华为在瑞士的150多个城市进行5G布局，而且布局速度十分惊人。

总而言之，瑞士的电信公司的路线是：寻求实力合作伙伴，加速本国5G商用的脚步，以便更早地为本国民众提供更加优质的5G服务。

加拿大：战略创新基金、多频谱“两步走”

加拿大作为欧美地区的大国，在5G部署方面也不示弱。在寻找5G领域新出路的过程中，加拿大做出了重大决策。

1. 构建战略创新基金，投注5G合作项目

2019年1月25日，加拿大政府拨款4000万加元（约3000万美元），用于芬兰电信巨头诺基亚在5G通信网络方面的研究。加拿大将这笔巨额资金投资于诺基亚，其目的在于帮助本国电信网络满足5G技术的需求，以及开发网络安全工具来保护加拿大的电信网络。

事实上，加拿大政府在2018年就拨款6670万加元（约5043万美元）用于5G技术的相关项目研究。

此外，加拿大政府还计划拿出3570万美元，用于投资西门子加拿大工程公司、加拿大大西洋电力公司新斯科舍电力、新不伦瑞克电力公司三者之间合作的一个9270万美元的项目。该项目要求西门子加拿大工程公司对各省电力系统的智能电网技术进行研究和开发。

加拿大政府拨出的所有投资 5G 技术的款项，都来自政府专门创建的“战略创新基金”。

2. 着手推出更多 5G 频谱，惠及民众

2019 年 6 月 5 日，加拿大宣布已经做好迎接超快 5G 互联网服务的准备，在 2020 年将全面推出更多的 5G 频谱，并将投资 1.48 亿美元用于升级频谱设备。与此同时，加拿大还计划在农村持续推广互联网，以推动 5G 网络的部署，促进国家的整体 5G 竞争力，为加拿大人民带来更低的网络使用价格。

加拿大建立战略创新基金、构建多频谱的两条决策，是加速其实现 5G 商用，并以此提升自己的市场竞争力的两大重要“法宝”。

英国：5G 实验，提升市场竞争力

5G 因为具有高速率、泛在网、低时延、低功耗的特点，给各行各业带来全新的应用，因此受到各国的青睐。英国也在 5G 领域开始疯狂角逐，以提升自己的 5G 市场竞争力。

1. EE 公司率先提供 5G 服务

在英国，首先推出 5G 服务的英国运营商是英国电信公司旗下的 EE。该运营商提供的 5G 服务已经覆盖了本国六大城市，包括伦敦、加的夫、贝尔法斯特、爱丁堡、伯明翰、曼彻斯特。2019 年年底，英国 5G 覆盖的城市数量更多。

EE 公司的 5G 网络资费较高。2019 年 7 月，英国沃达丰集团也在 7 座城市中推出 5G 服务。在市场竞争加剧的情况下，英国 EE 公司 5G 网络在整体资费上有下降的可能性。

此外，EE 公司 2019 年年底，在全国范围内建设 1500 个 5G 基站，

这些基站的网络覆盖区域包括布里斯托尔、考文垂、格拉斯哥、利物浦、诺丁汉、谢菲尔德等。

2. 进行5G实验

英国在5G服务方面取得了成功的探索成果，但英国在5G方面的发展并不仅限于此。

为了更好地测试5G的服务能力，英国与华为签下了20亿英镑（折合约25亿美元）的网络架构合约，计划在英国各地建立5G网络。目前，英国前四大运营商的5G大单都是与华为合作，四家运营商共占英国87%的市场份额。显然，华为在英国的5G实验中，起到了重要的推动作用，这使英国在5G技术方面抢占了先机，能够领先于美国。

英国的5G实验具体如下：

2017年11月，英国电信与华为合作，共同完成了英国首个5G端到端实验室测试，进行了首个5G上下行解耦技术的外场演示；

2018年9月，英国沃达丰公司采用华为5G设备接通了英国首个全息投影电话；

2018年10月，英国电信与华为再次携手，在伦敦金丝雀码头开启了英国首个5G早期商用部署试验网络；

2018年11月，在华为的支持下，英国电信运营商O2在西班牙和英国之间首次打通了第一个基于5G网络的视频电话；

2019年，EE公司和英国电信在华为的支持下，在英国16大城市实现5G规模商用。

英国全面加速5G商用，加强了本国的网络基础设施建设，加快了信息通信业的发展，更好地为客户提供统一的智能化网络转型。

亚洲

中国：领跑 5G 建设

如果说我国在 3G 时代是跟跑，4G 时代是并跑，那么 5G 时代，我国将实现领跑。而且我国的领跑范围并非局限于某个特定的与 5G 相关的领域，而是实现 5G 建设的全面领跑。

1. 领跑全球 5G 专利数量

“早起的鸟儿有虫吃。”由于我国在之前几个网络时代的发展处于落后或者齐头并进的状态，并没有在移动通信领域抢先占领过市场，在 5G 时代还未来临之际，我国就率先做好了 5G 布局。我国在 5G 专利上的投入也是比较早的，如今我国该领域的专利数量已经处于全球领先地位。

根据德国专利数据分析公司 IPlytics 给出的数据统计结果：截至 2019 年 4 月，华为共注册了 1539 项与 5G 相关的技术专利，而包括中兴、OPPO 公司和中国信息通信研究院在内，共掌握了 3400 项 5G 相关专利技术。中国电信业的 5G 专利数量已经超过全球总数的 1/3。

（1）从国家层面来看，截至 2019 年 3 月，在全球 5G 专利申请数量排行中，我国 5G 专利数量以 34% 位居榜首；韩国占 25%；美国和芬兰各占 14%；瑞典接近 8%；日本接近 5%。

（2）从企业层面来看，截至 2019 年 3 月，我国的华为以 2160 项专利数量居全球第一；其次是芬兰的诺基亚，专利数量为 1516 项；中兴以1424项5G专利排名第三；韩国LG和三星电子分别排名第四、第五，专利数量分别为1359项、1353项；爱立信排名第六，5G专利数量为1058项，具体如表3-1所示。

表3-1　全球5G专利排行榜

排名序列	国家	排名序列	企业
1	中国	1	华为（中国）
2	韩国	2	诺基亚（芬兰）
3	美国	3	中兴（中国）
4	芬兰	4	LG（韩国）
5	瑞典	5	三星（韩国）
6	日本	6	爱立信（瑞典）

注：截止日期为2019年3月。

2. 全球领先的5G设备供应商

我国的通信产业，无论是手机还是芯片，甚至是设备，都是全球领先的。

（1）从手机方面来看，华为首款5G智能手机Mate 20 X于2019年7月26日上市；中兴在2019年5月6日举行的天机Axon 10 Pro系列发布会上，发布了中兴天机Axon 10 Pro 5G版智能手机。除此以外，OPPO也在2019年2月6日举办的GTI国际产业峰会上向全球消费者展示了首款5G智能手机。可见，当前在全球5G智能手机方面，综合实力最强的还是我国的华为、中兴、OPPO。

（2）从芯片方面来看，智能手机的发展也带动了芯片、屏幕、系统的共同发展，尤其是芯片，更是智能手机的核心要素。全球范围内的5G手机芯片主要厂商一共有6家，分别是英特尔（美国）、高通（美国）、三星（韩国）、华为（中国）、紫光展锐（中国）、联发科（中国台湾地区），我国占据了半壁江山。

华为早在 15 年前就看准了芯片的广阔市场，因此成立了海思半导体芯片公司，并且注重自主研发。2019 年年初，华为在北京举办的 5G 发布会上，正式发布了两大 5G 芯片：全球首款 5G 基站核心芯片——天罡芯片、5G 多模终端芯片——巴龙 5000。天罡芯片的性能比以往的芯片高出 2.5 倍，可以满足未来网络部署的需求，完全可以用于大规模商用。巴龙 5000 芯片不但能支持 2G、3G、4G 和 5G 多种网络制式，还在全球率先支持 5G NSA（非独立组网）和 SA（独立组网）组网方式，支持 FDD 和 TDD，实现全频段使用。换句话说，巴龙芯片不但适用于智能手机，还可以用于家庭宽带终端、车载终端、5G 模组等更多场景。

紫光展锐在 2019 年的 MWC 会议上发布了首款 5G 基带芯片“春藤 510”，该芯片与华为巴龙 5000 一样，是一款单封装基带芯片，也是一款多模芯片，可以用于智能手机、数据终端、物联网设备和其他需要连接到互联网的智能设备。

联发科是我国台湾地区的一家专门制造芯片的企业，其在 5G 芯片领域的贡献是不容忽视的。在 2019 年 5 月 29 日召开的台北电脑展上，联发科正式发布了一款 5G 芯片。该芯片采用的是 7nm 制程工艺，内置 5G 调制解调器 Helio M70，整个芯片的体积缩小了很多，能够充分满足 5G 的功率和性能要求。另外，其独立 AI 处理单元 APU①也是这款芯片的一大特色，因此该芯片支持更多先进的 AI 应用。

可以说，三大芯片厂商共同推进我国 5G 芯片的发展，使我国在 5G 芯片方面真正走在了世界的前列。除了手机和芯片之外，在天线、小基站、直放站等相关设备方面，我国的供应商也是最多的，在全球处于领先地位。

---

① APU，是将 CPU（中央处理器）和 GPU（图形处理器）融合在一起的处理器。

华为和中兴分别在全球通信设备制造商中占据第一和第四的位置，使我国的 5G 设备更加优秀，再加上及时的后续服务，我国的 5G 设备更具市场竞争优势。

3. 全球领先的 5G 网络运营和部署能力

一个国家的 5G 能够更好地发展，不仅仅需要手机和基站等设备，还必须有足够好的网络运营和部署能力。因为一切设备能够正常运行的关键还是网络，有了好的网络基础，相关业务才能发展起来，相关设备才能很好地利用起来。

2019 年 2 月，工业和信息化部给出的统计数据显示，我国移动电话用户总数达到 15.8 亿。如此庞大的用户基础，必然给我国的 5G 网络运营商带来巨大的运营和部署空间。

仅以我国的移动通信运营商中国移动为例。中国移动具有强大的网络部署能力，2019 年在全国范围内建设了 5 万多个基站，在超过 50 个城市实现 5G 商用服务。如此多的基站数量，是其他国家的基站数量所无法比拟的。相关数据统计显示：我国的 5G 基站数量已经是美国基站数量的十几倍。基站数量越多，意味着我国的 5G 网络覆盖能力越强，如此庞大的基站数量，足见我国 5G 网络运营能力和部署能力在全球范围内处于领先地位。

总之，我国当前高度重视 5G 的发展和应用，运营商都在不断加强自身的 5G 网络建设，加强国际合作研发，共同推进我国成功领跑 5G 格局的形成。

韩国：5G 进入正式商用阶段

5G 能够给国家带来巨大的经济效益，能够给人们的生活带来诸多便利，因此各国对自身的 5G 建设工作十分重视。虽然当前 5G 尚未进入全球商用阶段，但韩国已经开始提前进入商用阶段，开始了 5G 体验之旅。

韩国为了争取成为全球第一个实现 5G 通用网络的国家，在得到美国电信运营商 Verizon 即将“抢跑”的消息之后，计划提前 2 天，超越美国成为“第一个吃螃蟹的人”。于是，韩国在 2019 年 4 月 3 日开通了正式商用 5G 网络，成为全球首个 5G 商用化的国家。然而，韩国的第一批 5G 用户是其电信运营商紧急拉来的 6 位名人，而普通用户要想成为 5G 用户，使用 5G 网络，在 4 月 5 日才可以办理入网手续。

虽然韩国已经率先迈入了 5G 商用阶段，但事实并没有想象中的那样顺利和理想。用户在经过一段时间的体验之后，发现韩国的 5G 服务中存在不少问题。

1. 资费过高

对普通民众来说，使用一个新产品，关键要看这个产品是否能满足使用需求，另外关注的就是它的性价比问题。

在 5G 套餐资费方面，韩国三大电信运营商（韩国电信公司、SK 电讯株式会社、LGU+）都提供了不同的档位，月资费在 5.5 万韩元（折合人民币约 325 元）到 13 万韩元（折合人民币约 769 元）。其中，5.5 万韩元套餐里包含了 8GB 的 5G 流量，如果用户使用的流量超出这个值，就要被限速。这个规则与目前我国中国移动的规则有些相似。但 5G 本身就具有高速率的特点，8GB 的流量也并不算多。为了吸引更多的用户使用 5G 网络，韩国三大电信运营商各自推出优惠活动，如送家电、送耳机、送炸鸡券等。虽然优惠活动很诱人，但是韩国的 5G 套餐资费过高，再加上超出流量就要被限速，对普通用户来说，并没有得到真正的实惠，与想象中的极致体验还存在一定的差距。

2. 部分覆盖

韩国虽然充满信心地迈出了5G商用的第一步，但韩国的5G基站覆盖并不完善，因为基站数量太少，5G通信设备暂时能够覆盖的区域集中在首都圈和大城市，大部分地方根本无法享受相关的服务。这样，就人为地限制了消费者的选择权，消费者花高价开通了5G套餐服务，但并不能完全享受到5G商用服务。这让消费者或多或少有些不满。

3. 法律法规不完善

虽然韩国已经提前进入了5G商用阶段，但由于还处于初期发展阶段，没有出台相匹配的法律法规，对各领域中的问题进行规范和约束。真正实现5G商用，并不意味着单向地投入使用即可，还需要配套合理、科学、规范的措施加以管理和维护，才能保证5G商用服务的良性、持续开展。所以韩国的5G商用落地还需要一段时间才能真正顺畅有序地运作起来。

从韩国的5G商用来看，比起"最先"，我们更要注重争取"最优"。只有优质的基础设施全部完备之后，才有获取"最先"的优势。为此，韩国的科学技术信息通信部与三大通信公司、终端设备公司、制造商共同成立了"5G服务监察民官联和特别工作小组"，以解决5G商用过程中遇到的相关问题，将给用户在使用过程中带来的不便降到最低。

日本：联手合作，实现5G逆袭

5G商用在即，各国都在争相布局5G，以期在全球市场中占据一席之地。亚洲除了中国、韩国之外，日本也在5G领域积极运作。然而，中国等国家已经处于领先地位，日本则力争通过联手合作，实现反攻和逆袭。

1. 与三星联合开发 5G 基站

日本电气股份有限公司（NEC）作为日本电气巨头，与三星达成合作协议，共同开发 5G 基站。三星负责设计高频段基站的工作，NEC 则负责研发低频段基站。三星和 NEC 之间达成共识，即双方的产品技术实现共享。

2. 5G 为 AI 赋能，提升动画产业规模

AI 技术能够为各行各业解决痛点，最终实现低成本、高效益。5G 技术的大规模商用，可以为 AI 赋能，使低成本、高效益成为现实。日本动画产品将借助“5G+AI”实现视频消费升级。日本的动画产业市场规模超过 2 兆日元，在人工智能技术与效能方面也进行了具有个性化的探索，在动画预处理、动画动态、动画合成等全产业上进行深度应用。随着 5G 的到来，智能影像技术使日本的动漫产业走向全数字化成为可能，日本动画公司做出的“5G+AI”的选择，将为日本的动漫产业带来更多的红利。

3. 打造 5G 智能手机

夏普作为日本的移动设备生产商，与日本软银运营商合作，在软银提供的 5G 移动通信系统的基础上开发出 5G 智能手机。该智能手机的型号为“AQUOS R3”，能够使用 5G 波段和毫米波。这款智能手机被用作 5G 网络配置验证和各种服务。2019 年 5 月，夏普在日本正式发布了 AQUOS R3。

日本初期在 5G 领域的探索和研究稍显落后，但在国内外寻找合作伙伴或者构建合作关系，是其较为明智的选择。

第四章
改变生活：5G 优化人们的生活方式

我们生活中的方方面面都离不开互联网、移动互联网，在这个网络成为标配的世界里，人们的衣食住行变得更加便利化、快捷化。随着现代通信技术的不断发展，特别是无线通信技术的不断演进，5G 作为一个新兴的技术，成为当前最前沿的网络技术，逐渐融入人们的生活当中。它将优化我们的生活方式，给我们的生活带来十分显著的变化。

实现人与人之间交互的互联互通

人与人之间的交互形成了社交网络。互联网自诞生之日开始，就意味着人与人之间、人与物之间将构建一种全新的交互方式，并且这种方式将成为人们社交过程中的一大趋势。但是，基于当前物联网仍然处于初级发展阶段，其最大的问题就是网络响应速度较缓慢。如今，5G时代已然来临，并将进入快速普及阶段。届时，在人与人之间互联过程中，遇到的网络响应速度缓慢的问题将迎刃而解。可以说，5G的出现将把人类社交带入一个全新的时代，给人与人之间的社交带来极大的便利。

全息通信打破社交空间的距离限制

在科幻影视里，我们经常会看到这样的画面：一个人与另一个人在通话的时候，虽然相隔万里，却能够相互看到对方的影像，通话双方栩栩如生地出现在眼前，仿佛面对面交谈一样。这种生动、新鲜的画面给人们一种神秘感，让我们因导演精心描绘的社交场景而感慨、折服。

如今，这种看似神话般的通话场景已然成为现实。而促成这种通话场景的技术就是全息影像技术。

什么是全息影像技术呢？它是利用物理学中的干涉原理和衍射原理，将真实物体通过精准记录并再现的方式呈现出来，给人一种真实的感觉。

随着5G时代的到来，我们认为一切遥不可及的事情都有成为现实的可能。例如，科幻影视画面里的全息通信，将在 5G 技术的推动下成为现实。

全息通信需要借助多种技术的支持才能实现，用户在由镜头和麦克风组成的特制相机前通话的时候，镜头将用户以数字图形形式传输到接收方一端，并且通过激光投影仪将画面折射在特制的屏幕上，从而以 3D 的画面呈现出来。在整个实现过程中，需要 5G 传输技术，以及 VR、激光投影仪等多种技术紧密融合。尤其是 5G 传输技术，在其中起到了至关重要的作用。由于 5G 具有高速率、低时延、泛在网的特征，人们眼里看似神话般的全息通话才有了实现的可能。

2017 年，美国通信运营商 Verizon 和韩国电信共同合作，借助 5G 技术完成了全球第一个全息通话。在 5G 传输技术与特制的投影仪的辅助下，美国新泽西的技术人员与远在万里之外的韩国技术人员完成了一次全息会议。这次会议是全息通信领域里的一个里程碑式的事件。

2018 年，在世界移动大会上，中国联通向全球展示了基于现实增强技术（AR）的 5G 全息通信系统。该系统借助中国联通的 5G 网络，以 AR 设备作为载体，再加上定制的应用软件，实现了远程工业制造、远程现场勘测、高精尖技术维修质检、远程医疗等以往人们根本不敢想象的应用。

2019 年 6 月 10 日，在成都全球创新创业交易会上，5G 生态馆成为整个会场的焦点。5G 生态馆中展出了叠境数字科技有限公司基于全球顶尖的光场技术、5G 技术、计算机视觉、云端 AI 自动化处理技术等打造的 5G 实时全息通话。该研究成果可以实现零干预、全自动 3D 模型重建，全息影像可实现高精度、低时延的实时传输。目前，这项技术已经被应用到全息直播、影视表演、远程教育等领域，使远隔千万里的人们之间，即便不移步，也能通过“3D全息投影”实现跨越空间、如同共处一地般的实时交互。

除了以上几个典型案例之外，5G实时全息技术还有更多的应用场景，如导航、家庭应用、娱乐、零售等。借助于5G传输技术，在不远的将来，人们之间的通话方式会发生重大的变化，将从传统的通信方式全面进入三维时代。随着5G实时全息通话的不断普及，人与人之间的通话将变得更加轻松和高效。

传播升级，重塑人际关系

我们每个人是构成社会的一个个体，虽然看似独立，但都离不开社会。然而不同的时代，人际关系有着不同的特点。所谓人际关系，就是人们在各种具体社会中，通过人与人之间的交往建立起来的心理上的关系，它反映的是人与人之间的情感距离和亲密度。

在没有网络的时代，人与人之间的交往十分简单，要么是亲自登门拜访，要么是书信往来，由于受到了时间和空间的限制，人们之间的人际关系，情感距离较疏远，亲密度不够高。

随着网络的出现，互联网成为人们之间传播信息的载体，各种智能手机、社交媒体、社交平台成为人们交往的重要工具，拉近了人与人之间的距离，即便相隔千山万水，也阻碍不了人们之间的交流，而且亲密度也大幅提升。在这种情况下，传统的人际关系发生了变化，以一种全新的形式呈现。

如今，随着移动通信的不断发展，5G网络代表着一种全新的、在4G基础上迭代的、更加优秀的网络形式出现在大众的视野和生活中。随着5G的出现，在高速率、泛在网、低时延等特征的推动下，传播升级，对人际关系进行了重构。

1. 全时空传播

5G 技术出现之后，人类社会中进行的信息传播可以说无时不在、无处不在，这种冲破时间和空间阻碍的传播，是人类信息传播史上一次史无前例的发展。不论在何时何地，都可以进行人与人之间的信息传播，最大化地释放了构成人际关系中最基本的要素（包括人、物、财、信息）所蕴含的巨大潜力。

2. 全“现实”传播

在 3G 普及之前，人与人之间的信息主要是在人与现实世界进行传播，虽然这个阶段已经有了虚拟现实的概念和相关实践，但能够实现全现实传播还是有一定难度的。5G 时代，人与人之间实现了虚拟现实（VR）、增强现实（AR）、混合现实（MR）的连接，使人与虚拟世界完全对接。在当前这个智慧万物互联的时代，现实世界与虚拟世界之间的界限也正在慢慢消除，从而完全融合，实现全“现实”传播。

3. 全连接传播

5G 的出现，使大数据、物联网、云计算、区块链、人工智能等技术在逐步实现所有人的连接、所有物的连接、所有数据的连接，甚至包括所有环节、所有过程、所有节点的连接。人类社会的所有资源，包括人、物，都被数字化，以数据的形式传播。人类社会的所有传播都实现了网络化，并且在传播过程中实现各要素或资源的高效交互或交换。

4. 全媒体传播

5G 带来了万物互联，而万物互联又带来了“万物皆媒”。5G 时代，人类社会的媒体范围正在无限扩大，包括传统的纸媒、电视媒体和当下的互联网社交媒体，在这些媒体中，人和物都可以成为释放信息并分享信息的中介，这个中介就是“媒体”。所以，这里所谓的“全媒体”，就是包括传统媒体、互联网社交媒体、人或物等一切可以传播数据的服务型载体。这样，在5G时代万物互联的情况下的传播，就是全媒体传播。

5G时代，无论是全时空传播、全现实传播，还是全连接传播、全媒体传播，都使人与人之间信息的传播发生了巨大的变化，基于这些传播的特点，人与人之间的距离又进了一步，人际关系变得更加密切。可以说，5G时代人与人之间信息的传播形式升级，由此使人际关系在此基础上实现了重构。

通信体验流畅化、迅速化更加凸显

对5G的各种探索性研发，最终的目的就是使其运用于各种网络设备，实现各层级设备、基础设施和网络服务的高度融合，保证能够提升上网体验，尤其是给我们的手机带来巨大的变化，让用户真正感受到高速率、大容量、低时延、传输更安全的良好体验。

现有的4G网络，在我们的日常生活中，已经能够满足我们的日常上网需求，无论是刷朋友圈还是视频加载，我们都可以不再像2G时代那样盯着加载条一边发呆，一边等待。我们无论是在观看短视频还是长视频时，都很少遇到卡顿现象。虽然4G网络能够满足我们的日常网络需求，但并不意味着我们在享受着足够好的网络体验。

5G相比于4G，在网速上有很大的提升。如果提升的倍数只有两三倍，那么 5G 的出现并没有多大的意义。事实上，5G 的网速与 4G 相比，提升了几十倍甚至几百倍，这样的网速与现在的相比，必定在使用过程中会有十分显著的变化，更流畅、更快速。

快速实现即时通信

回顾人类发展的历史，可以说是一部战争史，也是一部通信史。人类是以族群的形式生存和发展的，人与人之间的沟通方式也在人类不断发展的过程中不断更迭，从最早的手语，到后来的钟鼓、烽火、驿站传递、信鸽传递，再到近代的电报、电话，直到现代无线通信，这些都归功于人类文明和科学技术的不断创新。

尤其是 1896 年意大利马可尼第一次用电磁波进行了长距离通信实验，标志着人类进入了无线电通信的新时代。自此，无线通信技术呈跳跃式发展，极大地推动了人类通信方式的变革，使通信的实效性越来越强。

由此，基于移动通信技术和移动终端设备，短信、彩信，以及当前的语音通话、视频通话成为全新的通信方式。通信方式逐渐从最基本的文字、图片，趋向于实时语音和实时视频，人与人之间的通信变得越来越即时和快捷。在 5G 时代，语音通话、视频通话更具实时特点。而且这种即时通信技术也会在社会发展中逐渐扎根于我们的生活中。

即时通信技术的进步使我们的生活变得更加精彩，它不但满足了人们聊天、交友的需求，还为人们的生活提供了必不可少的帮助。

在生活中，即时通信可以帮助我们轻松找到自己的亲人、朋友。当我们身处异乡时，一个视频通话就可以看到自己家人的身影，仿佛面对面交谈一般；当发现有好玩的、有意思的新内容时，轻松动动手指就可以将信息发送到朋友圈与大家一起分享；当与朋友一起玩游戏时，常用的通信软件可以帮助我们更好地交流。

在工作中，即时通信可以帮助我们很好地收发信息和文件，同事间可以直接在社交软件上借助即时通信进行业务沟通和交流。企业内的相关指令或命令能够实时传达到每位员工，有效提升工作效率。

在娱乐方面，即时通信可以帮助我们更好地交流、互动和娱乐，日常出行、购买商品等也都在即时通信技术的帮助下变得轻松和容易，人们可以节省出更多的时间去做更加重要的事情。

在5G时代，即时通信技术的发展将得到更多的改变。5G技术凭借其传播速度快、传输时延低的特点，使即时通信领域的语音通信、视频通信过程中信息（包括语音信息、影像信息）传输更加清晰。

当前，即时通信技术的发展遇到了瓶颈，5G技术的出现将成为即时通信的突破口，使即时通信的发展更加快速。不但如此，在未来，即时通信技术还可能与其他技术相融合，如3D立体影像技术，将在5G的推动下，使人与人之间在通信和交流的过程中获得无法想象的畅快体验。

因此，5G技术可以说是即时通信技术真正得以实现的巨大推动力量。

网络下载、上传速度快到“飞起”

相信我们都有过这样的体验：当我们玩游戏时，网络卡顿让我们的激情一下跌到低谷；当我们在看一部电视剧或电影时，正当看到精彩时刻，网络出现缓慢状况，让我们急切想知道后续情节的激动内心瞬间像猫抓一样难受，面对此情此景无能为力只能静静等待。

在5G时代，所有的终端用户可以一直保持联网状态，并能保持网络的稳定状态，掉线的情况将不复存在。众所周知，如果说2G是牛拉车的速度，那么 3G 就是汽车行驶的速度，4G 就是高铁的速度，5G 则是火箭的速度。这样，在 5G 时代，用户再也不用为网络下载和上传速度而担心。

5G 网速惊人，比 4G 网速快上数百倍。借助 5G 网络，一部超高清电影在 1s 的时间里就可以下载完成。

2018 年，在中国国际智能产业博览会的中国移动展台上，演示的一幕就是最好的证明。

在中国移动展台上，一份大小为 10GB 的文件，使用 5G 网络下载仅用 9s 就完成，平均下载速率接近 10Gbit/s。为了与 4G 进行鲜明的对比，工作人员使用 4G 网络下载同样一份文件，系统估算下载时间为 15min，下载速率为 100Mbit/s。经过简单的对比，可以发现 5G 网络的下载速率约为 4G 网络的 100 倍。

可以说，当 5G 真正进入商用阶段之后，高清画质的游戏和超高清画质的电视节目时代将随之而来，我们不但能够获得良好的视觉享受，还能节省很多由于网速缓慢而导致等待的时间，而且我们能够将自己喜欢的信息光速般地分享给自己的好友和家人。那时候，我们的生活将变得更加便利，网络通信体验能够更好地满足更多人对网速的需求。

一机在手，开启智慧生活新时代

在人类发展的历史长河中，每次巨大的变革都证明，只要我们敢想，梦想迟早都能变成现实。智慧生活是人人所向往的，智能生活给我们带来的美好，也是人们很早就憧憬的，甚至被认为是不可能实现的科幻型生活。

很多时候，我们早上着急出门上班，会遇到家中忘记关电视、空调，甚至忘记锁门的情况；也有很多时候，我们下班路上要花费很多时间，如果等到家才开始做饭，那么晚上开饭时间就会很晚。因此，很多人幻想着有一天，即便自己忘记了关电视、空调，甚至忘记了锁门，也不会发生危险状况；或者能实现下班前就让电饭煲提前煮好米饭，随着5G的出现，这些所谓的幻想都能成真，使我们的生活变得更加智能化、智慧化。

实现这种智慧生活的关键就在于我们需要一款能够连接万物的智能手机。可以说，在5G时代，手机将成为实现万物互联的控制平台，在人工智能领域发挥着举足轻重的作用。

在5G时代，智能手机的外观越来越潮（如三星的折叠屏、柔性屏），功能会越来越多，全屏将成为主流，同时还兼具时尚美观和轻薄等特点。虽然4G时代智能手机已经可以作为一辆汽车的遥控器和钥匙，还可以遥控冰箱、照明等家电，但是进入5G时代，由于网络传输低时延、高速率的特点，这种通过互联网传输的手机在实现智能物联时，能够超越4G时代，比4G时代更具有高效性和稳定性。在这样的背景下，只要一部手机，就拥有了一个连接万物的枢纽，就能让我们置身于一个“全连接”的世界，就能轻松开启智慧生活新时代。

开启智慧城市和智能家居新篇章

5G浪潮席卷了与人类生存息息相关的每个角落。5G与人工智能（AI）和物联网（IoT）的结合，使人工智能和物联网在应用中落地，为人类开启了智慧城市和智能家居的新篇章。

1. 智慧城市

5G 的峰值速率可以达到 20Gbit/s，每平方千米可以连接的设备数量超过 100 万，连接时延近 1ms。在人工智能的推动下，可以使城市拥有“智慧大脑”，最大化助力城市管理。5G 与 AI、IoT 的联合，能够使智慧城市高度智能化、自动化，同时还能使各种服务根据消费者的喜好进行定制。

AI 和 IoT 借助传感器、数据处理平台、智能硬件等核心产品，将原本庞杂的城市管理系统降维成多个垂直模块，使城市居民与城市基础设施、城市服务管理建立起更加紧密的关系。5G 网络可以为城市的电力、交通、安防等各方面的管理工作提供极大的便利，更好地帮助城市更加安全地运转。对遍布在城市各个位置的监控设备而言，5G 技术还以更快的传输速度为数据管控中心传输更多超清监控数据，使数据传输更加及时。

2. 智能家居

5G 与 AI 的结合，使传统家具被赋予了更多的智能化特点，使家居不再像以往一样只是一个冰冷冷的工作机器，而是通过设备与设备之间的连接，将室内所有的家电实现互联互通。这样，家电、影音、照明、家庭安防（如报警器、门锁）等都实现了智能化。

对智能家居产品而言，目前智能手机是连接所有家用设备的控制终端，是一个总控平台，连接的智能设备在数量上得到极大的扩展。5G 的到来，使以往一个智能终端只能控制少数几个智能家用设备的尴尬将不复存在，而且不同品牌之间不兼容的问题也将得到很好的解决。

总之，具有高速率、大容量、低时延特性的 5G，与 AI 和 IoT 相结合，一切城市生活和家居设备都呈现出智能与智慧的一面，优化了人类生活方式，给人类带来了前所未有的全新生活体验。

解锁娱乐新方式

娱乐是人们生活中必不可少的一部分，娱乐能够缓解生活压力，给人们的身心带来愉悦。以往，娱乐方式很简单，一个棋盘，两盒棋子就开始了激烈的“厮杀”；每人拿着一把木制的短枪，便开始了一场激烈的“枪击战”。玩家你逃我追，玩得不亦乐乎。

随着网络的普及，原来那种面对面、实打实的“交战”，逐渐搬上了电脑和手机屏幕。尤其是移动互联网、智能手机的出现，使网游成为一种随时随地可以开始的娱乐方式。当然，网络的普及带来了视频的发展，视频也成为一种新兴的娱乐方式出现在人们的生活当中。如果说，以往的那种玩家面对面的娱乐方式是娱乐 1.0 时代，那么娱乐 2.0 时代就是电脑和手机屏幕上的娱乐。

5G 的出现，使娱乐方式又一次发生了新的变化，这个时候出现的新娱乐方式就可以被看作娱乐 3.0 时代的娱乐方式。在娱乐 3.0 时代，5G 技术起到了至关重要的作用。

1. 游戏

游戏作为人们常用的一种娱乐方式，在 5G 的推动下，也将迎来全新的发展格局。

（1）卡顿不复存在

热衷于网游的玩家都知道，2018 年 10 月，法国一家名为育碧的娱乐软件公司重磅推出了一款知名游戏作品《刺客信条：奥德赛》的 Nintendo Switch 版，该版本属云游戏版。很多玩家在玩的过程中发现，这款游戏在性能上存在一定的问题。这个问题考验玩家的并不是主机的机能，而是玩家的传输网络。如果没有很快的网络传输速度，技能再好的玩家，也只能感慨和尴尬了。

回顾以往的云游戏，如 OnLive、nVidia GameStream、PlayStation Now 等，前赴后继地出现在娱乐领域，却最终都难以普及，其原因就在于网速受限。机能和平台的限制对云游戏是不会有任何影响的，关键在于网速。由于游戏场景需要进行分辨率的压缩，画面质量会大打折扣，再加上网络不能达到足够高的传输速率，卡顿现象就是一个难以解决的问题。

5G 技术的出现，使云游戏以往出现的卡顿问题不再是问题。5G 作为一项超高宽带、超低时延、海量连接的技术，不仅可以用于 4K、8K 分辨率的影视直播服务，而且能给云游戏以更广阔的发展空间，能够随时随地满足游戏用户的需求，清除云游戏到达用户“最后一公里”的障碍。这时，手机游戏的便利性与主机游戏的品质感就能恰如其分地融合在一起，形成“杀手”级别的应用场景，玩家玩《刺客信条：奥德赛》这样的游戏时，就会感觉轻松和顺畅很多。

（2）VR/AR 游戏大量涌现

VR 和 AR 两大前沿科技也使游戏的格局发生了巨大的变化。然而，这两大科技真正应用于游戏领域，还是离不开 5G 的支持。

VR 的出现，使人们对游戏的高质量画面、高交互性有了更高的追求。而只有拥有强大计算和图形处理能力的硬件才能满足高质量 VR 内容的渲染。然而，当前的 VR 渲染应用高度依赖于本地硬件，但硬件设备存在昂贵且复杂、缺乏移动性的问题。手机配合 VR 眼镜能将 VR 内容放在本地渲染，但由于处理能力有限，图像画质很差。

5G 具有较高的传输速率，并且具有极低的时延特点，可以让大型 VR 游戏场景在云端进行渲染，然后再通过网络传输到玩家的终端设备上。这样可以保证玩家所玩的是画质清晰、分辨率高的游戏。

5G 为 VR 游戏带来了一种更好的虚拟现实体验，VR 游戏将成为游戏界的新宠，迎来产业的大爆发。

2. 视频

如今，视频已经成为一种全新的时尚娱乐方式。人们在闲暇之余，喜欢看电视剧、看电影，或者看短视频来打发休闲时光，缓解生活和工作压力。进入5G普及的时代，视频的发展将呈现与现在大不相同的新局面。

5G的出现，带动了视频应用的革新和升级。5G的传输速度快、网络容量更大的特点，可以满足超高清视频业务的数据传输需求。因此，借助5G网络，就能对那些大型活动场景（如赛事、演唱会、重大活动等）进行4K或8K的VR直播，给用户带来更好的沉浸式交互体验。

总之，5G能够解锁全新的娱乐方式，能够给用户带来全新的游戏和视频体验与感受，这是以往任何一个时代都达不到的娱乐新境界。

第五章
改变社会：5G 推动人类社会不断进步

5G 的出现，不但是移动通信领域的一次迭代和升级，更是一场重大的技术变革。5G 与人工智能、VR/AR、大数据、云计算、物联网等的融合，将给人类的生产、生活等方方面面带来提升。5G 打破传统移动通信仅仅“以人为主”的束缚，逐渐向万物互联领域拓展，使人类社会不断进步。

赋能并倍数放大经济发展

5G的网速较以往任何一个移动通信时代都快，这是5G带给人们最直观的感受，然而5G的优势并不仅限于此。5G将带领我们进入一个万物互联的时代，5G和各个传统产业、新兴产业的融合，必将给我们整个社会的经济繁荣发展开创一个惊人的新局面。届时，5G赋能各个产业，并倍数放大经济发展，将使人类社会向前迈出一大步。

人类社会全面进入人工智能时代

5G作为一种全新的移动通信技术，不仅为我们带来更加快速的网络传输速率，而且还会让当前的移动互联网升级为万物互联。

说到万物互联，就不得不让人想到工业4.0，甚至让人追溯人类工业革命发展的早期。自工业时代开始，机器就在取代人类的劳动。随着时代的发展，计算机和计算机网络的出现，机器的不断演进，推动了工业的发展先后经历了4个革命性阶段，如图5-1所示。

（1）工业1.0：机械制造时代

以蒸汽机取代人力的机械化制造生产，取代了最原始的手工劳动。

（2）工业2.0：电气化、自动化时代

电力广泛应用于工业中，继电器、电气自动化控制机械设备的出现，实现了生产过程中的流水线作业。

（3）工业3.0：电子信息化时代

电子计算机技术推动了自动化控制的机械设备的出现，使人类作业被机械自动化生产方式逐渐取代。

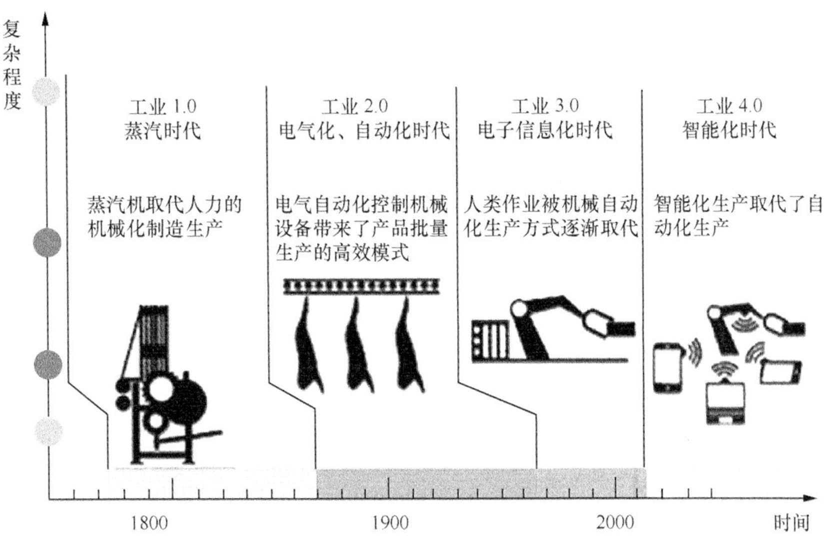

图 5-1　工业发展的 4 个革命性阶段

（4）**工业 4.0：智能化时代**

一种高度灵活、个性化、数字化的产品与服务的全新生产模式即将形成，这是一场从自动化生产到智能化生产的巨大革命。

工业革命的发展，使生产从原始的手工劳动逐渐转变为机械化生产，再到自动化生产，最终迎来智能化生产。前有机械化取代手工劳动，自动化取代机械化，后有智能化取代自动化，这使人工智能技术的新浪潮为工业的发展点燃了燎原之火。

具体而言，工业 4.0 时代，实际上是通过网络将生产设备、生产线、工厂、产品、客户等所有的生态链在内的上下游生态单元连接起来，并且在物理信息系统的基础上，将传感器、智能操作系统、通信设施等连接在一起，由此通过互联互通实现智能制造。其具体表现为以下几个方面。

首先，不同的设备之间互联互通之后能够形成一个巨大的智能制造系统。

其次，产品与设备之间互联互通之后，产品就能够更加懂得设备赋予自己的使命，并按照设备的指令推进生产过程，它能够知道自己该做什么，自己将被运送到什么地方，自己未来将被谁如何使用等。

最后，虚拟世界与物理世界之间实现互联互通，使原本没有生机的机器设备变得智能化，能够在生产过程中进行自我感知、自我适应、自我诊断、自我决策、自我修复等一系列行为，最终实现智能机器人与人类之间的相互协同。

这样，在整个生产制造过程中，处处体现了人工智能的身影，同时还表明工业4.0是从万物互联开始的。然而，万物互联又离不开网络的支持，5G网络的出现将成为工业4.0实现的关键，甚至有人把5G比作第四次工业革命的“钥匙”。正是因为5G的推动，工业4.0才能够快速实现，并在此基础上加速推动人工智能时代的全面到来。因此，可以说是5G加速了人类社会全面进入人工智能时代。

推动社会经济发展进程

任何一种新技术的出现和应用，都会从根本上加速世界经济的发展，都将给整个社会带来巨大的经济效益，促进整个社会生产力的提高。

5G的出现，打破了以往网络传输速度慢、网络容量小、时延大的缺陷，为移动通信领域带来了技术创新，为消费者带来了更好的服务体验。重要的是，5G开启了全新的产业互联网的市场大门，推动了社会经济发展的进程，对整个社会经济的增长具有不可替代的作用。

5G普及和商用后，将对汽车领域、公共交通领域、医疗领域、农业领域、零售领域、工业制造领域、公共安全领域产生深刻的影响，尤其是在无人驾驶、人工智能等技术真正具备商用规模时，5G将带动社会创新能力和生产效率的极大提升，由此给我们的社会带来巨大的变化和惊人的经济效益。

基于 5G 对全球经济的影响，高通联合一家名为 IHS Markit 的知名产业调研公司共同发布了《5G 经济：5G 技术将如何影响全球》，其中提及："到 2035 年，5G 将在全球范围内创造 12.3 万亿美元的经济产出，全球 5G 价值链本身将创造 3.5 万亿美元的经济产出。"

此外，中国信息通信研究院发布的《5G 经济社会影响白皮书》中提及："到 2030 年，在直接贡献方面，5G 将带动的总产出、经济增加值、就业机会分别为 6.3 万亿元、2.9 万亿元和 800 万个；在间接贡献方面，5G 将带动总产出、经济增加值、就业机会分别是 10.6 万亿元、3.6 万亿元和 1150 万个。"

从这些惊人的数据来看，无论是国内的研究，还是国外的预测，在 5G 对社会经济影响方面都是十分乐观的。那么，5G 对社会经济究竟具有哪些影响呢？

在《5G 经济：5G 技术将如何影响全球》中，高通和 IHS Markit 认为：5G 是"下一个改变世界的技术""像电或汽车一样，5G 移动技术将使整个经济和社会受益"。的确，一切与网络融合的产业，如汽车行业、制造行业、医疗行业、零售行业、媒体行业、物流业、农业等都将在 5G 的支持下，得到前所未有的蓬勃发展，这将推动整个社会经济的发展进程。

创造更多社会就业机会

现代科技越来越进步，但由此给传统岗位的工作人员带来的失业威胁也越来越大，从另一面来看，在新技术下诞生的新岗位也给社会创造了更多的就业机会。

移动通信技术随着历史的演变而不断更迭，从2G到3G升级的过程中，我们已经深深地感受到了信息传输过程在速度上发生的巨大变化。当4G出现之后，3G与其相比，又有了明显的短板。如今，5G以势不可当的速度进入了大众视野，并且凭借其强大的优势，很快将给互联网领域，乃至各个传统产业带来显著的变化。与此同时，传统的、老旧的、含金量低的岗位将要退出历史舞台，而那些具有创新性、先进性、含金量高的岗位将不断涌现，为社会创造出更多的就业机会。

总而言之，5G的广泛应用，一方面将提升企业的生产效率，削减社会原有的工作岗位；另一方面又创造出大量具有高知识含量的就业机会，包括直接产生的就业和通过产业关联效应带动的间接就业。直接就业和间接就业，这两个方面为社会带来的就业机会将更加明显。

运营商作为龙头带动整个信息服务业的就业

5G本身属于移动通信的一个创新阶段，运营商作为5G与各个产业连接的“桥梁”，在5G实现商用的过程中起关键性作用。运营商在整个5G产业链中，可以说是“龙头”。只有前面的“龙头”领跑得好，后面组成“龙身”的各个产业才能得到更好的发展。

5G的诞生，使移动通信行业成为受影响最大、最直接的行业。对于运营商来讲，在这场巨大的变革中，所受到的影响自然也不例外。当5G真正进入商用阶段时，会给通信业带来新一轮发展期，而且还会给整个信息服务业带来更多的就业岗位。

5G领域无疑是一块诱人的“大蛋糕”，吸引了中国三大电信运营商纷纷开始布局5G。

中国移动在5G的研发方面，主要在5G场景需求定义、核心技术研发、国际标准制定、产业生态构建方面开展了大量的研究。同时在制定国际标准时，牵头完成《5G 愿景与需求》白皮书的编制，并且在 3GPP 中牵头 32 个关键标准项目。在应用创新上，中国移动面向全球成立 5G 联合创新中心，建立了 22 个开放实验室。

中国联通已经在国内开通了 40 个城市的 5G 试验网络，同时成立了 5G 应用创新联盟，有 240 多家企业加入其中。此外，中国联通还启动了领航者计划，致力于打造 5G 应用的万亿级新市场，以此开创 5G 产业的新未来。

中国电信联合国内外众多企业开展 5G 技术试验和多个试点城市的 5G 试验网建设。另外，中国电信还与合作伙伴共同开展了丰富的 5G 应用创新实践，所涵盖的范围包括制造、交通、物流、媒体、医疗、警务、旅游、环保等十大垂直应用场景，联合试验的合作伙伴已经超过了 200 家。

三大运营商在全面布局 5G 和开展相关项目工作的过程中，势必会有新的岗位需求出现，而且这些全新的就业岗位在数量上也是非常可观的。

5G 应用缺口巨大，成为重要就业方向

5G 只有走出实验室，才能真正落地、实现商用，才能更好地惠及每一位民众。

对 5G 进行细分，可以分为 5G 应用、终端和运营、元器件及材料、传输网络。从这个细分领域的人才需求来看，5G 应用方面的人才缺口十分巨大，占 5G 中人才需求量的 72.81%；其次是终端和运营，占比为 12.49%；元器件及材料、传输网络在 5G 人才需求方面的量比较少，占比分别为 9.82%、4.87%。

5G技术研发的目标就是投入商用，而5G可以应用的领域又十分广泛，如智能手机、智能家居、智慧城市、工业互联网、VR/AR、3D模型、人脸识别等诸多方面，这些领域与我们的生活、娱乐、工作甚至产业布局等密切相关，这也是5G体现其核心价值的聚焦点。这些方面对5G人才的需求量非常大，就业机会也很多。

这里以与我们生活最为密切的智能手机、智能家居为例。

智能手机：5G出现后，智能手机也因此需要更新换代，优秀的手机生产商也将在此时逐渐孕育并诞生。这样，手机生产商在4G智能手机暂时还未退出市场之前，在5G智能手机的研发和创新、生产方面将增加更多新的就业岗位。

智能家居：5G来临，对智能家居行业也产生了巨大的影响。智能家居是5G时代最有机会实现大力发展的领域之一。

2018年，智能家居在全球的市场规模已经达到960亿美元。根据奥维云数据预测：到2020年，中国智能家居产业规模将突破4000亿元。

显然，智能家居是一个非常有前景和潜力的行业。在智能家居中融入5G，将会使整个智能家居行业的发展实现质的飞跃。因此5G与智能家居的结合，是一个重点研究方向，这也是5G应用的一个重要拐点，会给整个社会带来更多的就业机会。

总之，哪里有新技术应用，哪里就有新岗位诞生，哪里就需要更多的人才。

数据处理、数据统计类专业人才紧俏

4G网络对大多数使用移动设备的人来说是比较熟悉的，但在5G时代，人们除了对5G的憧憬之外，对其内在驱动力的了解少之又少。

在未来，大多数 5G 的应用都通过 5G 网络管道实现，大数据则成为 5G 应用的关键内驱力。

例如，在 5G 应用于无人驾驶领域时，5G 网络可以推动无人驾驶车辆之间的数据传输。无人驾驶汽车在公路上行驶的过程中，不断访问有关行驶路线的大数据存储库，以及汽车周围其他车辆的位置、交通拥堵数据信息等。如果没有大数据，那么无人驾驶车辆将无法发现周围车辆的移动和位置变化情况，无法在互联交通信号灯中获取相关信息，无法做出更好的判断，导致无法保证行驶安全。

在 5G 时代，互联网发展速度更快，大数据所承载的业务形式更加多样化、复杂化，数据规模呈爆炸式增长趋势，海量数据以及其中蕴含的商业价值更加凸显。尤其是进入 5G 大规模商用阶段，在 5G 有关应用的过程中，对数据的收集、分析和处理，以及数据统计方面的需求会越来越多。因此，数据处理、数据统计类专业人才在 5G 应用过程中的需求量大幅提升。

物联网领域释放大量就业岗位

5G 给我们带来了一个万物互联的时代。5G 和物联网之间其实是相互支撑的关系。一旦 5G 取得了突破性进展，包括物联网在内的信息产业将在 5G 赋能的基础上，真正实现物与物连接、通信的落地。

爱立信预测：“到 2020 年，全球物联网的连接规模将达到 500 亿元。”物与物连接的场景、应用和业务模式将呈现多样化的特点，物联网信息将变得更加碎片化，基于物联网数据运营平台的企业将加快自身 5G 的布局，在物联网领域释放更多的就业岗位，以此为企业创造更多的价值。因此，在 5G 时代，物联网将是一个等待我们开发和挖掘的

“金矿”。

在未来，基于5G的推动，智慧城市、车联网、工业物联网、农业物联网、移动互联网、可穿戴设备等领域都将有更好的发展前景，而这些领域都需要大量的物联网专业人才。

第六章
改变产业：5G 变革传统产业，创建美好未来

我们所生活的世界一直在变。5G 的出现，改变的不仅仅是移动通信行业。5G 与传统产业相遇，给传统产业带来的变革将是无法想象的。但有一点是我们不可否认的，即这些变革将会为我们创建更加美好的未来。

制造业：赋能传统制造业，带来制造业的春天

制造业在一个国家乃至整个人类社会发展中占据着核心位置，制造业的强大与否，代表着一个国家综合实力的大小。“工业 4.0”“智能制造”已经成为全球性话题和国家战略课题。

当前，工业领域发展的高级阶段就是工业 4.0 阶段。在工业 4.0 时代，机械制造逐渐向智能制造转型和升级，智能制造代表了全新的发展趋势和方向。因此，全球范围内很多国家开始在制造业寻找新的支撑点，来撬动整个制造业向更高阶段——智能制造阶段快速跃进。

那么，什么是智能制造呢？广义上讲，智能制造是具有信息感知获取、智能判断决策、自动执行等功能的先进制造过程及系统与模式的总称。简单来讲，就是在制造过程中实现信息感知、决策判断、操作执行的自动化与智能化。

智能制造具有以下几个特征：

- 以智能工厂为载体；
- 以关键制造环节的智能化为核心；
- 以端到端的数据流为基础；
- 以通信网络为基础支持；
- 以自组织的柔性制造系统实现高效个性化生产目标。

工业 4.0 时代的来临、人工智能变为现实，关键还需要依靠 5G 的力量。5G 凭借其高速传输、高稳定性、低时延的特点，应用于制造行业，为制造业赋能，加速实现产业升级，让生产朝着个性化、柔性化方向发

展。5G 能同时满足工业控制、信息采集等多方面的要求，推动制造业迈向真正的智能制造时代，带来制造业的春天。

从“千人工厂”到“无人车间”的蜕变

当前，由于网络传输速度受限，工厂设备间的数据传输能力也因此受限。当 5G 真正进入商用阶段后，未来几年里，工厂联网设备的数量将会不断增加。借助 5G 高速率、泛在网的特点，可以有效提升工厂设备的链接速度以及云端运算的能力。这样，实现工业自动化将不再是难事。

从以往的制造过程来看，无论是制造信息的录入，还是生产线上的每个环节，都完全是依靠人工完成的。一个工厂里有上千人工作是常见的情景。随着移动通信的不断发展，5G 的出现使生产车间中的所有设备之间都实现了互联互通，并且网络传输速度得到了极大的提升。在这种情况下，从生产计划到生产设备、原材料等信息的采集都通过自动化、智能化信息采集的方式来完成，并且还可以实现与后方信息的共享，从而使人从纷繁复杂的生产制造中解放出来，实现了生产制造无人化。无人车间成为 5G 商用时代的基本模式。

了解车间内所有设备运转的情况，只需要后台的监控中心配备一名管理维护人员即可。一旦发生故障，如果设备无法进行自我修复，借助 5G 的支持，系统会自动进行实况拍摄，并通过 5G 网络将画面传回监控中心，监控中心的管理维护人员可以在后台进行相关操作，完成设备故障的处理工作。

2019 年，绍兴精功科技机器人公司与中国移动绍兴分公司、中国移动上海产业研究院、融创公司、赛特斯电器公司合作，正在开发全国首创的嵌入新能源汽车电机生产线的“5G+ 无人工厂”项目，该项目是“5G+无人工厂”在制造业领域发展的一个里程碑。

精功科技主打机器人相关业务，在过去，如果制造工厂车间内的设备需要进行程序升级和故障排除，技术人员需要远赴现场进行相关作业。这样，对相关企业而言，会带来极高的成本；对制造商而言，会因为响应慢而间接地带来经济损失。赛特斯凭借自身在电器行业所积累的技术经验，深入洞察到了精功科技的智能化需求，于是与中国移动三方联手打造了“5G+工业边缘云解决方案”。

这样，精功科技在以后销售的每台机器人中都会安装一个具备5G通信能力的边缘网关。利用5G的超低时延的特点，以及边缘网关的网络解决方案，工程技术人员可以通过远程的方式来升级程序，并获取远端机器人的机械臂运行参数、故障参数等，对机器人进行远程数据采集分析、故障诊断等操作。显然，这种远程操作更有实效性，能够最大限度地降低制造商的损失。

可见，在5G的加持下，这种远程操作取代了在工厂车间现场操作的模式，从而使整个制造工厂车间内除了机器人在工作之外，没有任何人的身影，真正实现了无人工厂。

近年来，机器人在制造业领域应用的数量逐年上升。国际机器人联合会预测：到2020年，全球工业机器人将从2016年年底的128.8万台增长到305.3万台。工业机器人在制造业的使用，让无人车间生产成为现实，在5G的推动下，生产效率将达到前所未有的高度。

从“批量化生产”到“大规模定制”的转变

传统制造业往往通过大批量生产单一产品，从而使订单、物料、生产、设备、管理、服务简单、一体化。但随着消费者需求的不断变化，消费者品位的不断提升，消费需求也不再单一化，个性化需求成为趋势。制造商生产的单一产品，已经不能满足消费者的个性化产品需求。这就意味着，大批量生产单一产品已经不再适应这个时代的发展了。

因此，大批量、单一产品生产的方式必然被大规模、多品种的个性化定制所取代，这将在一定的时期内成为制造业的一种主要趋势。

但是，绝大部分产品还没有实现大规模定制化生产。当前从产品生产到销售，整个生态链基本上都采取先大批量、少品种或单一品种生产，然后根据自身需求，用户在很少的品种中进行选择。这种模式限制了用户表达自己个性的权利。这样会造成两种情况：第一种是消费者凑合买了一件稍微符合自己期望的产品；第二种是消费者放弃购买。对生产商来说，一旦出现大批量产品无人购买的情况，只能变成库存，造成资源的浪费，造成资金无法流动，最终带来的损失是，小则造成一大笔损失，大则直接导致生产商因资金无法回笼而走向倒闭的结局。

5G 的出现，使原来的大批量单一生产向大规模定制的转变成为可能。生产商利用 5G 网络为用户开设定制化平台，对消费者的个性化需求数据进行收集。除了生产商收集消费者的个性化需求数据之外，消费者还可以在线操作，即在页面上会出现多种搭配菜单供消费者选择，以满足不同消费者的不同消费需求和品位。之后，生产商再对原材料的成本和数量、库存管理、现金流掌控进行分类、统计，根据数据进行生产、销售战略的部署，根据不同客户的个性化需求制定生产方案，进行定制化生产。最后借助 5G 网络的高速传输、超低时延的特点，通过可视化平台将定制化成品呈现到消费者面前，实现生产商和消费者沟通与互动的无缝连接。如果消费者对产品的某些方面不满意，可以随时提出修改意见，直到满意为止。

在2019年的汉诺威工博会上，海尔作为业内的一只“领头雁”，发布了全球首创智能+5G大规模定制实验平台（COSMOPlat平台），这使海尔成为全球的焦点。

近年来，制造业领域在发展的过程中遇到了一个巨大的瓶颈：虽然云平台、大数据、人工智能技术应用于制造业，使制造企业在信息交互、存储容量、信息获取速度方面得到了极大的提升，但产品只能进行小批量定制。由于4G网速有限，无法满足虚实融合过程中需要的无缝衔接。

随着5G技术的发展和不断成熟，海尔抓住这个机遇，打造了“智能+5G大规模定制验证平台”，解决了行业内因为网速问题而出现的单点配置、无缝衔接的难题。

一方面，海尔的COSMOPlat平台将价值创造要素——消费者直接纳入整个定制生态中，使消费者能够在整个产品定制过程中与生产商进行互动，每个实体环节消费者都能参与进来。而且消费者还可以从囊括了各种款式、材质、规模、型号、色彩、功能等的数据库中，选择自己心仪的类型进行搭配定制。这就意味着，海尔拉近了消费者与生产线之间的距离，能够更加高效地对产品定制的需求进行沟通。

另一方面，海尔还在与消费者进行沟通的过程中，使用了物联网、区块链、VR/AR技术，使用户能够身临其境般地看到生产过程。5G网络的应用，解决了网络带来的卡顿问题，从而给消费者带来了更好的定制体验。

基于这两点，海尔通过COSMOPlat平台，切切实实地实现了大规模定制。

5G 融入制造业之后，一切生产环节都变得简单化、可视化、便捷化。个性化定制与规模化生产通过 5G 进行深度融合，实现了制造链条上各个环节紧密、高效的协作，加快了个性化定制在智能制造过程中的实现速度，进而为制造企业带来更快的资金循环以及更大的经济效益。

资源配置更加高效

随着网络技术不断地发展和推进，所涉及的领域也越来越广泛。制造业就是其中之一。

尤其是进入 5G 时代，对制造业的影响涉及整个制造业的企业、市场和用户、原材料等，其影响范围之大超出了我们的想象。特别是制造业资源配置的方式，在 5G 技术的推动下得到了极大的创新，使资源配置变得更加高效，进一步促进了制造业的转型升级。

那么，什么是资源配置呢？资源配置就是将各种有限的资源合理地分配到各个领域，以实现资源的最佳利用，减少资源消耗。这里的资源可以是自然资源，也可以是劳动力、资本等，还可以是人力、物力、财力。换句话说，资源配置就是将各种资源进行合理分配，从而达到有效提高经济效益的目的。

众所周知，制造业正常、有序的运作，离不开网络的推动，在联网的状态下，各个生产制造环节才能更好地实现大规模协作，这样就会引发资源配置方式的变化，使传统的、集中的资源逐渐被分散并被重新进行配置，从而有效释放了生产商的大量的资源创新潜力。

在 5G 时代，要想实现制造业的资源配置，就必须对整个生产环节、物流配送环节等资源进行优化，这样才能实现资源配置的高效性。

例如，在一个智能制造工厂里，所有环节都在 5G、大数据、物联网、云计算等新型技术的应用下正常、有序地进行。

基于5G网络的传感器所获得的生产数据向制造系统传递，当出现原材料即将短缺的情况时，系统会自动根据所剩原材料数量，以及进行后续加工生产所需要的原材料数量，来判断整个生产线上还需增加多少原材料才能满足生产不间断地进行，由此得出数据结果。之后，再借助5G快速、即时的传输性能将该结果发送给仓储室，从仓储室自行调运原材料到生产线上，以满足生产需求。这样，在整个生产过程中大数据都起到了穿针引线的作用，而5G则充当了大数据传输的辅助工具，使生产制造能够在不间断的情况下有序、高效地进行，使生产制造过程中的资源配置实现了最优化，同时也使工业控制和管理得到了最优化，更使生产效率较传统生产模式有了显著的提高。

如果在产品生产环节存在资源配置不足的问题，或者不能将资源配置做到尽善尽美，不但会造成资源的浪费，还会因为资源的短缺而给制造商带来经济效益的损失。因此，资源配置的优劣性，是决定制造商能否在市场中持续发展的关键。

有效进行预测性和预防性维护

传统的生产制造过程，是将人脑判断分析和机器生产制造相结合，人脑负责分析和判断，而机器只负责生产制造。

这种模式下，由于在车间内，每个生产流程都是同时进行的，如果某个节点因为意外故障而停止生产，其他生产流程上的机器就会空转，不但不产生任何经济效益，还会因为机器空转而带来机器损耗和电力成本的浪费。为了减少不必要的损失，制造商不得不停止整个流水线上机器的运转，并指派维护人员找到故障出现的位置，然后对故障进行分析和判断，最后给出维护方案。而寻找故障、分析故障、做出判断、给出方案等环节都是通过维护人员来实现的。整个过程既烦琐，又使生产停滞时间过长，在一定的时间内降低了整个工厂的生产能力，给制造商带来巨大的损失。相关研究表明：因意外停机，每年给工业制造商带来的损失大约 500 亿美元。显然，传统的维护模式存在很大的弊端。

制造业结合 5G，对这样的弊端会有极大的改善，能够对机器设备更有效地进行预测性和预防性维护。

有了 5G 网络之后，制造业中的智能化工厂由物联网控制，其制造流程全部通过电脑完成。这样，通过电脑可以实现实时监控，可以发现需要什么样的新材料，什么样的材料需要继续供给以弥补不足，需要什么样的工序来保证并加速整个生产的进程。这些问题并不是简单的自动化生产，而是一系列智能管控，从而实现整个生产过程的智能化。

此外，原有的“人脑判断分析 + 机器生产制造”模式被“机器分析判断 + 机器生产制造”的生产模式取代。机器和生产数据在 5G 的推动下联网并相互通信。具体工作流程如下。

首先，工作人员一方面利用信号收集器收集来自实体机器的数据，另一方面从 MES 系统（制造执行系统）获取机械数据，将所获得的两组数据全部放入数据库中，并且建立详细的数据信息。

其次，该工作人员再将这些数据信息全部传送到一个虚实集成系统（即 CPS 系统）中。该系统不但有云端服务器提供运算数据，而且还蕴含了信息处理、健康评估、故障诊断、自我修复、寿命预测等功能。

再次，CPS 系统将所分析的结果再回馈给数据库，这样数据库就可以根据各个代号（如 A、B、C、……）来体现各台网络制造设备的健康状况。因此，各个负责远程监控的管理者可通过一部 5G 智能手机或者一个平板电脑，非常明确地查看到每台机器的工作是否正常。

最后，机器就可以在 5G 技术的支持下，对自主流程和联网生产自动进行分析。同时还能对整个工厂的制造设备进行自主智能检测，一旦发现与正常运作参数不一致，就会发出警报，并对异样进行进一步的识别分类和自我修复，从而保证整个生产车间可以不间断地生产，使生产效率达到最大化。

这种预测性和预防性维护，可以增大生产设备的可用性，优化生产流程，从而有效提高制造商的收益。

农业：智慧农业成为农业发展新模式

随着 5G 技术的不断推进，不仅是制造业受到 5G 的影响而发生变革，农业也在 5G 的推动下，出现了新农业发展模式——智慧农业。

目前，农业大数据正从技术向应用阶段过渡，而 5G 也将为农业带来海量的原始数据，从而推动智慧农业进一步发展。在智慧农业模式下，农业领域供应链的信息获取更便捷，交互速度更快。无论是果园里的一棵果树，还是苗圃里培育的一粒种子，都随时随地尽在掌握之中。

传统农业将在 5G 时代的人工智能和物联网技术的影响下，发生彻底的改变。未来农业能实现自动化、信息化、智能化，这将促进现代农业向着更高的水平发展。与此同时，农业大数据也将更加丰富，在 5G 技术与农业生产相融合的过程中，就会实现智慧农业的爆发式成长，为农业的繁荣发展做好铺垫。总的来说，5G 会实现更少的人力成本和更有效的种植效率，获得更高的产量和利润。

种植技术智能化

在人类社会早期，由于农业发展条件落后，人们只能过着靠山吃山、靠水吃水的生活，捕鱼和打猎是当时最重要的获取食物的方式。

进入新石器时代，人类开始学会打制石器作为工具，在狩猎中发明了驯养动物，在采集中发现了适合种植的作物，从而开始了最早的人类农业文明。

在这之后，农业生产成为人们生命得以延续的重要支柱。农作物的种植方式主要是以人工的方式进行。为了保证农作物不干旱，人类又开始进行水利工程建设。这样，遇到干旱天气的时候，通过人工灌溉可以保证农作物的收成。

此后，随着科技的不断进步，在细胞学、进化论、遗传学、植物营养学的基础上，出现了选种、增肥、驱虫技术，人们常借助机械化工具，如木犁或铁犁（牛犁地的农具）、铁锹、锄头等的帮助，进行农作物种植作业，农业的发展实现了良种化、化学化、机械化，使农业的面貌焕然一新。

进入现代，机电工具、植物育种、科学种植、自动化种植成为农业发展最显著的特征。人们开始将播种机、收割机、洒水车、喷药机以及相关灌溉技术运用于农业种植当中。

当前，京东打造的植物工厂就是典型的自动化农业模式。京东植物工厂与传统种植模式有所不同，其采取的是种菜一条链模式。采用无土栽培、立体化栽培的方式，工厂控制好温度、光照、风向和风力大小等因素，农民只要按键，就可以实现一键浇水、施肥等活动，整个过程完全是自动化操作的。

如今，5G技术即将商用，农业领域将全面实现种植技术智能化，从选种、选肥、播种、灌溉到收割，全过程都将以往的人工种植换成机器人或智能机械来完成。

选种：从选种就开始层层把关，保证出芽率高于人工。

选肥：根据农作物的实际情况选择最优的肥料，并且在植物成长的不同阶段施不同数量、频次、类型的肥料。

播种：在播种之前，就采用高精度土壤温湿度传感器和智能气象站，远程在线采集土壤盐碱度、酸碱度、养分、气象信息等，实现自动预报；在播种的过程中，无人机通过田间的传感器、借助5G网络所传输的数据，包括土壤、水分、光照条件等数据进行分析，并准确地计算出播种所需要的深度和间距。

灌溉：在灌溉方面，同样采用远程在线的方式采集土壤湿度信息，从而实现灌溉用水量的智能决策，实现灌溉设备的自动控制等。

通过5G技术的支持，最终实现精耕细作、准确施肥、合理灌溉的目的，保证每个农作物都能茁壮成长，带来好收成。

从“靠天吃饭”到“智能管理”

农作物种植之后，还需要加强田间管理，这样才能使农作物增产增收。否则施肥不足、土地干旱，或者出现病虫灾害等，都会阻碍农作物的生长，甚至导致农作物“夭折”。所以，应当高度重视农业管理。

以前，对农作物的管理往往是通过人工到田间勘察，然后给农作物施肥和灌溉，至于施肥比例是多少或者灌溉多少水为宜，则是“凭感觉”或“凭经验”。当发现病虫灾害时，为时已晚，只能重新补种。这种农业管理模式，不但耗费人力、成本，更重要的是农作物产量很难提高。

在 5G 时代，网络传输速度快且具有超高的实效性，将 5G 运用于智能化农业管理当中，传统的人工管理模式被取代，将传感器、视频监控器、人工智能系统等通过 5G 网络连接起来，从而将田间农作物的实时数据传输到后台数据中心，工作人员只需要通过远程监控就能对农作物的成长状况一目了然。当视频监控器发现农作物出现缺肥、干旱或者有病虫侵害时，传感器就会将这些缺肥、干旱、病虫侵害数据传输给后台管理人员。管理人员根据相应的情况，发出相关指令，再借助 5G 网络，通过传感器将指令传输给人工智能系统。人工智能系统按照指令给出正确、精准、科学的处理措施，确保将农作物的受损程度降到最低。

通过前后对比不难发现，传统的人工管理模式显得有些“随性”和“随意”，而 5G 时代的智能化管理模式则是通过 5G 实现人对机器命令的及时传达和执行。

农作物种植过程可追溯

以往，消费者购买农产品时，往往只能够直观地看到农产品的外观，触摸到农产品的质地，嗅到农产品的味道等，并通过这样的方式来判断农产品的好坏。用这种流于表象的判断方式，显然不能深入了解到农产品的内在，不能让消费者“买得放心”，只有真正购买食用后，消费者才能了解到农产品是否达到自己的理想需求目标。

市场中假冒伪劣产品的不断出现，给消费者带来不好的消费体验，使消费者对农产品失去信心，同时也使人们对食品安全问题越来越重视，对食品信息的真实性挖掘越来越深入。

5G+ 区块链技术能够让这个问题迎刃而解。5G 作为新一代移动通信技术，具备高速率、低时延、海量接入的特点。而区块链技术是当前的一项前沿技术，其是一种分布式网络，内置的加密技术能够保证所有的数据记录都不可更改，也不能被随意破解。将5G+区块链应用于食品安全领域，可以有效利用区块链技术，消除消费者在食品安全问题上的疑虑，能帮助消费者洞悉食品、农产品源头，即实现农产品溯源。

具体而言，进入5G商用时代，智能手机将增加感应检测功能，只要用5G智能手机扫描农产品和食品上面的条码或二维码，就可以通过手机清晰地看到农作物或食品的生产记录和官方食品数据：从农作物的选种、播种、施肥、灌溉、收割到后期生产车间的农产品的加工、包装、质检、运输等，全部过程中的所有数据信息。而这些数据信息都是通过5G网络将传感器、处理器、存储器、传输系统相连接，并将所有数据都记录在区块链上的。由于区块链上每个记录的信息都能保证不被篡改，这就好比为每件商品贴上了独一无二的“身份证”，消费者可以对每件农产品从源头进行追溯，对农产品在每个环节所处的状态了然于胸，不必为农产品的安全问题担心。

5G+区块链在农业中的应用，一方面能够有效杜绝伪劣产品，使农产品生产商的权益不被侵犯，另一方面也是消费者消除农产品、食品安全隐患的最佳方法。当获得良好的消费体验之后，消费者就会对生产商有更多的信任感，这又反过来为生产商创造了良好的口碑，赢得更多消费者的信任，由此形成一个良性循环，为农产品生产商带来更多的收益。

零售业：开启“高质量、高体验、高智能”的新零售时代

在人们眼中，零售业是一个古老而又传统的行业，然而它也是能与领先科技接轨的行业，如与互联网接轨，实现线下实体向线上网店的转变；与人工智能接轨，实现传统物流到智能物流的变革；与大数据接轨，实现盲目推销到按消费者需求提供针对性产品……

如今，新零售已经成为当前零售业发展的一种新形势，无论对经销商还是对消费者来说，都是一种新格局、新生态的开始。

那么什么是新零售呢？新零售是传统零售行业在互联网的冲击下，实现线上与线下零售的深度结合，再加上大数据、云计算等创新技术，构成的一种全新的零售模式。

进入 5G 时代，零售业又与 5G 相融合，摩擦出不一样的“火花”，开启了“高质量、高体验、高智能”的新零售时代，让零售商和消费者都为之振奋不已。

零售门店数字化

新零售与传统零售的一个显著区别就是：门店数字化。换句话说，新零售最重要的特点是通过大数据驱动整个零售业的运营。构成零售业的最重要的 3 个因素是：人、货、场。新零售将供应链中的人、货、场进行了数字化。

5G 代表了当下最先进的移动通信网络技术，是以往任何一个阶段

的网络所无法比拟的。5G应用于零售业，将加快零售门店向数字化转型的速度。“无人超市”“无人便利店”就是零售门店数字化的典型代表。

1. 人的数字化

如今，基于大数据技术，商家可以从消费者的消费记录中，总结出消费者的消费习惯、喜好和需求，并根据这些信息为消费者提供更加适合他们的产品，从而使消费者实现可分析、可识别和可触达。

在零售门店的实际应用过程中，基于5G技术支持的人脸识别产品，可以安装在商超、门店等入口，统计每天的进店人数、消费者的大致年龄和性别等。另外，还可以安装在货架上，分析消费者的关注点和消费习惯。该技术能够将收集的数据，通过5G网络快速传输给零售商，帮助零售商获得消费者和潜在消费者更加精准的信息，并以此建立用户画像。然后将用户画像传送给店员端，帮助门店导购人员做出更加符合消费者需求和心理的商品推荐，极大地提升了用户的购物体验。

2. 货的数字化

从原来人们所关注的产品功能和品质逐渐转变为对商品背后的文化、个性、内涵的关注。以往是生产商生产商品后直接推销给消费者，如今是采集消费者的产品需求、喜好等数字信息，并通过5G网络将这些数字信息传输给生产商，生产商再根据这些数字信息进行个性化产品的定制。

3. 场的数字化

以前的“场”往往是指用于交易的场所，现在的“场”不仅仅是交易的场所，还是商家与消费者交互的场所，是商家为消费者提供交付服务的场所。在新零售时代，基于5G的应用，交易支付活动变得更加快捷，消费者拿出智能手机扫一扫对应产品的二维码，便可在手机上进行支付。

显然，这 3 个要素所获得的这些能力，都与大数据运营有关，且都是在互联网的驱动下实现的。简单来说，就是网络的推动实现了零售三要素的数字化运营。而 5G 是当前最具优势的移动通信网络，在 5G 技术的推动下，新零售门店的数字化转型实现起来更加容易。

重构消费体验

一直以来，去哪里买东西、怎么买，是人们关心的话题。在很多人的记忆中，传统零售是这个样子的：百货大楼、柜台、销售员、熙熙攘攘的人流共同组成了一个购物场景，而那些大型连锁商超成为人们购物的聚集地。

随着生活水平的不断提高，人们对购物的要求也越来越高，不仅要求购买的产品具有高品质，而且更加注重简单化的购物体验。

因为，当前消费者的时间被分割成一个个细小的碎片，大多数消费者在选购商品时，由于受到工作、学习、生活等因素的影响，没有充足的时间去选购自己想要的商品，甚至很多消费者在选购时并没有足够的时间去考虑选购的商品是否有购买价值就已经产生了购买行为，也许有时候做出的购买决策是因为一时的情绪影响而产生的。这样，那些非理性的购买行为所产生的购买次数要远大于理性购买行为产生的购买次数。

基于消费者时间碎片化的特点，可以看出消费者对时间价值这一点更加看重，这也是给消费者带来良好体验的一个重要切入点。为此，商家就应当以提高消费时间价值为目的来寻找切入点。便捷化、简单化、数字化的购买流程，是提升时间价值的一个重要渠道。

互联网的普及，使网购成为一种全新的购物渠道，给现代人提供了一种更加快节奏、便捷的购物方式。网购热潮还未退去，一种全新的零售模式——新零售模式，出现在大众视野中。新零售时代，消费者的消费渠道主要分为两种：一种是线上基于现代电子商务的模式；另一种是线下实体店的消费者购物。线上与线下相互融合和互补，成为新零售时代最显著的特征。线上平台突破了时空限制，给消费者带来了极大的便利体验；线下实体则提供线上平台所不能及的购物体验，不但提供了即时消费的便利，还营造了更加完美的消费产品体验。可以说，新零售重构了消费体验。

5G 时代即将全面进入商用阶段，这将为新零售消费体验的重构插上腾飞的翅膀。5G 的超大带宽传输能力，即便是看 4K 高清视频、360° 全景视频以及 VR 虚拟现实体验都不会出现卡顿的情况。5G 带来光纤般的、几乎“零”时延的接入速率，拉近了人与万物智能互联的距离，最终实现“万物触手可及”，使消费者在新零售时代能够获得更好的消费体验。

1. 线上

当前绝大多数线上购物都是通过手机来完成的。5G 的应用，可以提升手机上网速度，而且可以将时延降到最低，消费者在线上购买商品时，不会再出现卡顿的现象，网上购物将变得更加流畅，更加省时、省事。

2. 线下

线下实体店购物最大的弊端就是无法判断哪款商品更适合自己。5G 的出现可以化解消费者的烦恼。通过将 5G 应用于购物流程，再加上各种“黑科技”（如虚拟试衣、3D 模型、人脸识别等）的应用，消费者可以轻松做出更加正确的购买决策。消费者再也不会像以往一样，因为在商场中看了很多衣服，却不知道哪款更适合自己。甚至因为有时候在线下商场很难快速、准确地找到自己想要购买的商品而伤感。另外，5G 智能机器人还可以在线下为消费者提供导购、送货、目的地指引等服务，实现数字化购物。

应用场景一：虚拟试衣

当你走进一家服装店时，你对店里的很多衣服的款式、花色都很中意，但不知道究竟哪款、哪种花色更适合自己。5G+ 虚拟试衣镜将为消费者彻底化解烦恼。

只要点一点镜子屏幕上的漂亮衣服，不到一秒，屏幕前的自己就“穿上”了这件衣服。在试衣的过程中，不仅衣服的大小十分适合自己，而且当你左右转动时，镜子里的你也会做出相同的反应，你可以通过不同角度看到自己穿衣的样子，完全像自己在真实试衣的过程中照镜子一样。

该试衣镜的应用是借助 5G 的低时延的特点，再结合 VR 视频捕捉技术，对摄入的视频在云端进行渲染，并通过 5G 云专线和终端进行快速交互，从而为消费者打造的快速、简单、真实的试衣体验。

应用场景二：3D 选家具

当你购置了新房子之后，想要买一款沙发，而你在选沙发的时候，无论是线上或线下购买，都需要事先确定沙发的摆放位置，并测量能够容纳沙发的空间大小，还得考虑购买的沙发与其他家具、装潢等是否在风格、色彩上搭配。

5G 的出现可以为你简化整个流程。借助 5G 智能手机，你不需要像传统购物一样用卷尺测量容纳沙发的空间大小，也不必猜想是否与你的客厅整体颜色搭配。只需要从零售商那里下载一个详细的产品规格，然后使用 5G 智能手机查看产品在你想放置的背景下的 3D 模型，就可以轻松确定这个沙发是不是最满足你需求的产品。

实现这一点的原理是：你的 5G 智能手机摄像头可以与终端

侧AI进行协作，测量出你的客厅的尺寸，确定沙发的大小是否适合。然后借助AR技术，为你提供一个安装预览，可以根据沙发的规格为你生成一个适合你家客厅环境的虚拟沙发。至于你买不买，完全由你自己决定。

应用场景三：机器人导购

当你进入一家大型购物中心，想要购买一件商品，却不知道哪家店铺售卖这件商品而感到“烧脑”时，将5G覆盖购物区域之后，一款基于5G技术的机器人会为你答疑解惑。只要你向5G机器人询问想要知道的事情，5G机器人就会通过5G+AI人脸识别、5G+8K高清视频进行室内精准导航，向你提供目的地指引服务。5G不仅能够实现人与人之间的通信需求，还能带来人机交互，为消费者带来更加精准的导航等沉浸式消费体验。上海移动联合华为在上海陆家嘴中心的L+MALL，发布了全球首个“5G+五星购物中心”，该家购物中心就是向智能化转型、为消费者带来极简消费流程的典型代表。

以上这些购物场景，借助5G网络与“黑科技”的协同，可以让消费者的购买过程更加简单化、便捷化、高效化，而且能够给消费者更加身临其境的真实感。未来，5G的普及将重构零售业的消费体验，将彻底改变人们对传统购物体验的认知。

医疗健康：构建智慧医疗，拯救更多生命

医疗行业近几年有了突飞猛进的发展，同时也给健康产业带来了前

所未有的挑战和令人振奋的发展机遇。目前，5G 来临并即将全面进入商用阶段，在 5G 的支持下，医疗行业将被重构。一个全新的智慧医疗时代即将来临，其能够拯救更多的生命，给更多的患者带来福音。

第一时间构建治疗方案

生命对每个人来说都是十分珍贵的，都是值得我们用全力保护的。尤其是那些急性病患者，因为发病快、病情凶险，更需要争分夺秒的及时治疗，有时候短短的一秒可能就会成为“生死线”。

很多时候，患者到达急诊科后，医生和护士因为不了解患者的情况，需要先询问患者，之后再根据患者的病情进一步分析和排除，最后才能给出确切的治疗方案。而患者很有可能在医生构建医疗方案的过程中错过最佳抢救时间。这种情况，无论是患者家属，还是医生、护士都会感到惋惜和心痛。

5G 融入医疗行业，其高新技术的应用会给医疗界带来更多、更新的变化。

有了 5G 的支持，从急救车出发到到达患者身边的那一刻起，一路上患者的相关体征数据、监护影像以及现场环境和施救过程等，都会以视频的形式及“毫秒级”的速率传输到医院。这就意味着，患者还没有到达医院时，急诊科医生就已经制定出救治方案，甚至手术室和各种配置都已经准备好了，为患者赢得了宝贵的抢救时间。

2019 年 5 月 16 日，中国联通、首都医科大学宣武医院、河北北方学院第一附属医院，基于 5G 在医疗领域的应用，共同研发并实现了全国首个基于 5G 的车载 CT 移动卒中单元的应用落地。

在进行现场技术测试的场景中：一名在张家口崇礼“旅游

> 的游客突发卒中（即中风）”，几分钟后，一辆加装了5G技术和远程医疗设备的救护车赶到现场。“患者”上救护车后，救护人员在第一时间为其进行CT检查，并将“患者”的CT影像信息、电子病历信息等相关数据实时回传到首都医科大学宣武医院和位于张家口市河北北方学院第一附属医院的两个会诊现场。河北北方学院第一附属医院神经内科专家对救护车上的医护人员进行了远程急救指导，而有关疑难问题则由首都医科大学宣武医院通过远程进行实时指导。在整个救治过程中，没有出现信号与数据传输的卡顿和时延现象。
>
> 在整个过程中，医护人员通过远程在第一时间将诊断数据和现场高清影像传回到医院的会诊室，从而对“患者”的情况能够及时、精准地做出指导。这样，“患者”虽然没有到达医院，却在第一时间得到了医院专家指导的抢救，成功地度过了危险期。

5G网络融入医疗诊断过程中，能够凭借其高速传输、超低时延的特点，再加上4K高清设备和急救设备的应用，为医疗行业的发展带来史无前例的创新和变革，有效地保障了患者的生命安全，降低了死亡率。这可以说是医疗界的又一里程碑。

远程手术走向现实

远程医疗在近几年已经开始在医疗领域有所应用，但是在实际应用过程中经常会出现信息传输时延的情况，甚至出现数据可靠性、安全性等问题。这些现象和问题是需要医疗领域不断寻求新方法和新途径加以解决和改善的。

5G网络的出现和应用，为远程医疗带来全面升级，使远程医疗的实时性、稳定性、安全性得到了极大的保障。医生可以更加快速地调取患者的相关图像信息并开展远程会诊，甚至进行远程手术，为患者提供更好的远程医疗服务。目前，我国已经完成了全球首例 5G 远程手术，并取得了成功。

2019 年 1 月，北京 301 医院的肝胆胰肿瘤外科主任，在福州长乐区的中国联通东南研究院，利用 5G 网络通过远程操控机械臂，做了一台特殊的手术。患者是远在 50km 以外的位于福建医科大学的一只小猪，医生为其切除肝小叶。

手术持续了近 1 小时，手术创面整齐，出血量极少。在手术完成半小时之后，麻醉状态的小猪苏醒，并且各项体征正常。此次基于 5G 网络的远程手术取得了成功。这次手术是全球第一例 5G 远程手术。由于 5G 网络技术的稳定性和高速率的特点，很大程度上降低了手术的风险，而且在整个远程手术的过程中，几乎同步完成，时延只有 0.1s 左右。这次手术的成功，也为日后 5G 技术应用于远程手术的临床创造了相应的条件。

远程手术对无线通信的时延性、可靠性、安全性有极为严格的要求，核心是要保证信号的实时互联互通。这也是远程手术取得成功的关键。而 5G 就是实现这个关键要求的基础点。未来，5G 在远程手术方面的应用，将会给医疗行业带来巨大的变化。

智能穿戴时刻检测健康动态

近年来，医疗行业的创新速度和规模显而易见，尤其是大数据、云计算、人工智能的加入，使医疗健康领域发生了巨大的变化。5G 技术的出现，也给医疗健康领域的变革“添砖加瓦”。

可穿戴设备在人们的日常生活中已经不再新奇，但智能穿戴设备在医疗健康领域的应用，正面临着实时性、可靠性的挑战。5G应用于智能穿戴设备，引起了医疗健康行业、消费者对智能穿戴设备的极大兴趣。

智能穿戴技术与5G相结合，将会为移动医疗领域带来巨大的潜力和市场。当前，智能穿戴医疗设备的形态多种多样，主要有智能眼镜、智能手表、智能腕带、智能衣服、智能跑鞋、智能戒指、智能臂环、智能腰带、智能头盔、智能纽扣等。这些智能穿戴医疗设备可以时刻检测用户的健康动态，为用户的生命健康保驾护航。

用户可以通过语音形式与智能穿戴医疗设备进行简单的互动，在收到用户的语音信息之后，设备会在后台进行深度处理，并给出相应的答复。在以语音形式与用户进行互动后，智能穿戴医疗设备还能对用户的病情进行科学预估和诊断。用户与智能穿戴医疗设备之间的互动和信息传递，则完全依赖于5G网络技术得以实现。

以基于5G技术的智能衣服为例。智能衣服在5G技术的支持下应用于医疗行业之后，体现出了其更加智能的一面。智能衣服收集用户生成的热量、消耗的卡路里、体温的变化、产生的步数等数据，并通过5G智能手机进行实时监控。当用户的身体出现超负荷工作或处于过度疲劳状态、出现心脏疾病等健康问题时，智能衣服就会通过5G智能手机的语音功能即时预警，让用户能够在第一时间进行有效防范，给用户的生命安全带来及时、精准、高效的保障。

未来，在5G技术的帮助下，智能穿戴医疗设备还可以对那些患有冠心病、高血压、糖尿病等慢性疾病的人提供远程检测、可穿戴给药等在内的整体疾病管理方案，有效降低患者的死亡概率。

媒体：推动媒体产业全方位革新

5G 的出现会使宽带化的移动互联网应用更加具有广泛性，从而打造一个万物互联的时代。在这个万物互联的时代，任何人、任何物都可以联网，这使与我们生活息息相关的诸多传统行业发生了巨大的变化。媒体行业也因 5G 的出现而进行了全方位的变革，传统媒体行业进入了一个飞速发展的时代。

媒体边界正在消失

5G 对媒体行业的改变也是十分巨大的，构成媒体的三要素——网络、终端、信息形态——会被改变，由此媒体边界正在逐渐消失。

1. 网络

5G 作为第五代移动通信技术，作为连接网络终端设备和信息形态的桥梁，将传统媒体推向了一个辉煌的发展阶段。与 3G、4G 时代不同的是，5G 网络下，信息在终端设备上的传输更加高速化、精准化、低时延，信息收发在一两毫秒内完成，并且形成“无时无刻”“无所不传”的格局。5G 网络彻底颠覆了时空限制，改变了人们收发信息和生活娱乐的方式。

2. 终端

在 5G 时代，媒体领域的终端设备形态也会发生变化：大屏折叠智能手机会成为流行元素，而且智能电视、平板电脑、智能手机之间的差异化越来越小，车载视频终端、VR 也会流行起来，各种场景下的超清视频会给5G时代的媒体带来更佳的视听享受。

3. 信息形态

5G应用于媒体领域，将彻底改变互联网的信息形态，视频业务会成为“杀手级”应用。当下各个互联网媒体公司正在全面布局视频领域，其激烈的竞争就是最好的证明。基于这一点，媒体领域发生了如下变化。

一方面，5G技术与广播电视的融合与汇聚，将会使整个世界的外在场景都可以随时点、随时看。传统新闻媒体中文字、图片信息的空间将大大压缩，可以留出更大的空间给处于主流地位的视频媒体。基于这一点，在未来几年里，大量视频制作公司将出现，电视台将与其合作，建立网上视频播出机构。除了少量纸媒还在运作之外，绝大多数纸媒已经与5G网络相融，从而出现一个以网络媒体为主、纸媒为辅的媒体时代。

另一方面，信息传播已经没有了国界和语言障碍，不同国家、不同语言的同声传译具有高效传输、超低时延的特点，每个国家的受众可以随时随地轻松读取其他国家的媒体新闻。基于5G的超高频谱，接入5G网络的设备端用户能够相互“可见”，不同国家的网民能够面对面自由对话。

无论是网络颠覆了时空限制，还是智能设备间差异化越来越小；无论是网络媒体为主、纸媒为辅，还是各国的网民可以随时随地读取新闻、面对面自由对话，这些都说明5G时代的媒体边界正在消失。

媒体体验形式多样化

随着技术的不断进步，媒体用户能够获得的视听体验也越来越好。尤其是5G技术的应用，媒体体验的形式将会越来越多，媒体领域的盈利来源也会越来越广。

虚拟现实则成为全新媒体体验的代表，并迎来惊人的爆发式增长。5G 网络具有惊人的传输速率，而 VR 对网络的敏感性很强，两者相结合，使虚拟场景和新闻现实可以完美融合。

早在 2018 年 5 月 17 日，杭州就举办了一场别开生面的国内首场 5G 全景直播。在场中展示的 VR 直播技术，通过虚拟相机摄像头多机位现场直播与 5G 技术相融合，所获取的“欧洲足球冠军杯联赛”和“奥斯汀音乐节”的现场视频，给人们带来了无与伦比的虚拟现实感官盛宴。这是传统媒体下的直播技术无法比拟的。

在先进技术的推动下，新闻从生产到传播，技术含量越来越高，媒体领域关注的重点也不再是新闻传播，而是用户体验。如今是用户为王的时代，有了庞大的用户数量作为基础，才能保证一个企业、一个领域的长足发展。因此，只有让用户收获良好的体验，才有让用户继续关注媒体的机会，媒体领域才有持续发展的可能。

除此以外，在 5G 时代，媒体用户体验方面的巨大变革，还表现为 5G 视频通话、8K 等体验，这些都离不开 5G 的推动作用。

媒体平台多维度的融合

5G 不仅为媒体行业消除了边界，为媒体受众带来形式多样化的体验，还为媒体平台进行了多维度融合。

当下，主流媒体[①]的渠道影响力、覆盖力之所以“缩水”，很大一部分原因在于内容转化能力不强、分发渠道太单一。要想打破这种弱转化

① 主流媒体：目前定义没有得到基本的统一。可以从性质的角度，如政治性、权威性、影响力等，使用高级媒体、严肃媒体来界定。也可以从量的角度或质和量两个方面来界定。

力、单一分发渠道的局面，就需要寻找合适的平台实现逻辑性跨界、开放性融合、整合性获取，这也是未来媒体产业发展的方向。

因此，媒体平台融合具有十分重要的意义和作用。主流媒体要想走得远、挖得深，就必须有强大的平台作为支撑。5G技术的诞生，宣布了一个万物互联时代的到来。在这样一个全新的“智媒”时代，物联网拓宽了信息传播的渠道，使每一个物体都会成为信息收发的端口，这就意味着一个跨界的、开放的、多维度的媒体平台融合时代到来了。

当前，媒体融合已经不仅仅局限于广电与出版、报刊的融合，更多的是跨界融合，如中央广播电视总台与教育平台的融合、与文化平台的融合、与金融平台的融合、与直播平台的融合、与视频平台的融合等，这些融合都为媒体领域提供了广阔的发展路径。

物流业：物流业全面向数字化、智能化方向发展

近年来，随着电子信息技术越来越多地应用到了交通运输领域，物流业正在逐渐转型和升级的过程中不断发展和壮大。5G技术的推广和应用，使物流业将迎来新的发展机遇。在5G技术的推动下，物流业逐渐向数字化、智能化方向发展，智慧物流市场具有十分广阔的前景。所以5G对物流业来说，价值不可言喻。

实现物流动态实时跟踪

物流行业中的丢件、漏件现象频发，成为公众最关注的社会痛点。当出现运输问题时，消费者的利益往往受到损害。对该商品有关的供应

链上的其他成员，如经销商、分销商、运输商、快递员来说，都会造成不同程度的经济损失。

虽然现代物流已经有了包裹追踪功能，但追踪设备成本较高，且具有时延性。很多时候商家已经发出商品，但消费者很难在第一时间查看到商品所在的位置，由此消费者就会因发货问题投诉而引起买卖双方的纠纷。这都是网络传输的时延性“惹的祸”。

5G 的应用将为现代物流业的物品追踪带来极大的快捷性、精准性，实现动态物流跟踪。因为 5G 具有网络覆盖区域广、功耗低、时延低的特点，运输公司可以在 5G 赋能下，将物流车辆布置的摄像头所拍摄的数据信息快速上传到云监控网络，然后再将这些数据快速传给网购平台。这样，无论商家还是运输公司或是消费者，都能在第一时间看到货物所在的精准位置，真正实现货物的动态实时监控、精准追踪，有效防止丢件、漏件现象的出现，并能帮助运输公司的管理人员根据货物动态进行正确决策，为物流运输保驾护航。

京东物流作为走在快递行业前沿的活跃分子，在技术创新方面尤为注重。在 5G 到来之际，其更是抓住了这个最佳的商业契机。2019 年 3 月 18 日，京东宣布与中国联通达成战略合作，基于 5G 通信建立智能物流的新生态，在上海嘉定建立国内首个 5G 智能物流园。这个 5G 智能物流园是在 5G 的基础上，通过将人工智能、机器人、自动驾驶、物联网等智能技术相结合，实现高智能、一体化，推动人、机、物的互联互动。

此外，京东物流还将在 5G 应用方面部署多个场景。具体应用为：在货物分拣上，利用计算机实现搬运、扫码、选货机器人的互通，通过 AR 眼镜帮助操作员识别快递商品，结合可视化指令实现包裹的实时追踪和监控。

> 虽然京东的5G智能物流园目前还在建设当中，但它能够对货物进行动态实时追踪，可以有效地保证货物安全到达客户手中。这些能够有效提升客户对京东物流的信赖度，也使京东能够赢得更多的客户和业务。

未来，随着在线购物规模的扩大，物流追踪将变得更加重要。5G网络将能够更好地满足物流动态、实时跟踪的需求。

仓储实现智能化

传统的仓储往往是靠机械完成的，不能满足制造、仓储、电商用户的需求，可能会导致仓库面临两种情况：一种是仓储物资爆满，导致货物堆积；另一种是仓储空缺，使仓库资源没有得到很好的利用，造成仓库资源的浪费。

5G的发展对物流领域的影响还包括仓储方面。5G技术的出现，以及传感器的应用，促进物联网在端到端供应链中使用场景的普及，实现了人、设备和货物、运输车辆的互联互通。由此，物流公司将获得更多的数据信息。而且人工智能的发展，也会让数据处理的能力变得更加强大。对物流仓储来说，5G技术与人工智能、物联网相结合，将实现仓储智能化，能够有效提升仓储的运作效率。

随着5G商用的不断推进，仓储物流设备也向着智能化更近一步，无论是机器识别还是数据处理，都会发生变化。基于5G网络的应用，使仓储设备信息传输具备了极低的时延以及高可靠的特征，能够提供给应用终端设备更加优质和稳定的网络支持。在嵌入智能设备后，仓储设施中，无论是分拣、装车等都能实现远程集中操作、监控和预防性维护。

由此，可以为我们带来这样的仓储场景：在仓储运作的过程中，几台连接到 5G 网络的智能机器人通过自动识别仓库内商品的体积，将商品体积等相关数据传输到后台，从而帮助后台更好地为商品匹配合理的车辆，或者借助仓储“大脑”实现搬运、拣选、码垛机器人的互联互通和调度统筹，或者通过 AR 眼镜帮助操作员自动识别商品并进行辅助作业等。这样的场景在 5G 商用阶段将成为一种普遍现象。

无人配送更加便捷

互联网的出现带来了全新的购物模式——网购。消费者有什么需求，只要动动手指就能直接从网上选购商品，之后就可以坐等快递人员送货上门了。在整个过程中，消费者足不出户就能买到自己想要的商品。

正是网购的出现带动了快递行业的发展，各个快递企业如雨后春笋般出现。当前，物流行业绝大多数快件是由快递员配送的。然而，配送快递的时候，往往会遇到这样的问题：偏远地区的路段老旧、比较崎岖，这对配送员来说，是一件让人头疼的事情。

随着 5G 时代悄然来临，物流配送方面也有了更多新奇的变化，配送变得更加简单化、高效。5G 作为一种全新的移动通信网络，具有覆盖广、时延低、传播快、高安全性、高行业赋能等特点。5G 网络应用于无人配送，给物流配送方面带来更为显著的优势。

京东不但做电商，还有属于自己的独立的快递业务，而且还在配送方面采用无人机技术，推出了无人配送服务。无人机可承载 10kg 货物，根据程序中设置的路线给相对应的位置进行配送，对一些偏僻的道路来说非常方便。随后，京东还推出了无人配送机器人。

随着 5G 商用即将普及，京东在 5G 技术的支撑下，打造京东无人配送机器人。这样，京东在一辆智能配送机器人的帮助下就能轻松完成送货上门工作。

2019年5月6日，京东的一辆物流智能配送机器人，从码头公交枢纽站的智能配送站出发，将货物自动送至交通大厦门口，完成了首单配送任务。这标志着全国首个智能配送机器人商用项目成功落地。

这款无人配送机器人从外观上看是一辆4轮机器车，黑色的“脑袋”，灰色的“身体”，还有两只圆圆的“眼睛”。在行驶的过程中，一旦在两米开外发现前面有人或物体挡住了去路，它就会敏锐地停下来，确保安全。客户取件的时候输入手机收到的验证码，就可以轻松拿到自己的快递。这保证了配送的交通安全，提高了通行效率，从而为客户带来了安全、高效、环保的配送服务。

在整个配送过程中，全程5G网络覆盖，实现高精度地图导航。京东无人配送机器人在整个配送过程中都被设置在交通枢纽的高清视频设备进行实时监控，并通过5G网络回传到后台系统，通过对视频信息进行数据分析，以及车辆调度等应用，打造了客货融合，三网合一（客运网、货运网、信息网）的智能化物流体系，从而实现了城市仓储、路况、配送站、配送设备的智能一体化。

京东基于5G网络的无人配送机器人，是对物流行业的新一轮洗牌。所以，在5G时代，你的快递很有可能是由“机器人快递小哥”送的。

金融业：开启金融科技新世界

金融业也是一个早已有之的传统产业，然而在科技的不断推动下，金融业也随着时代的发展而发展。

回顾 3G、4G 时代，移动通信技术的发展对金融业造成的影响不尽相同。3G 时代，智能手机开始走向普及阶段，金融服务逐渐向移动化发展。4G 时代，人工智能等技术的应用使传统金融逐渐向互联网金融转型。这时，移动支付、手机银行等成为人们生活中的重要部分。

5G 技术作为全新的移动通信网络，在应用于金融业之后，将开启一个新世界。

金融服务实效性大幅提升

如今，人们的时间呈碎片化特点。很少有人能够有足够长的时间用在一件事情上。所以，人们更加希望做任何事情都能有极高的实效性。对金融业务，人们有同样的期待。5G 时代能在一定程度上实现我们对金融业务的期待。

1. 缩短交易等待时间

我们在银行 ATM 机上进行存取款、买基金、买理财产品、汇款等操作时，经常会遇到这样的情况：当我们点击并确认某项操作时，银行的 ATM 机会给出这样的提示："您的交易正在处理中，请稍候。"有时候，我们操作完一个步骤之后，在 ATM 机前会等待很久，这种"请稍候"的提示，甚至会让我们怀疑 ATM 机是否出现了故障，也让我们在很长的等待时间里失去了耐心。

在 4G 时代，一项交易指令从发出到收到回复，时间大概为 50ms。在 5G 时代，由于高速率、超低时延的特点，可以将整个交易过程缩短到 1ms。这无疑缩短了交易等待时间。

2. 实现远程实时互动

银行出于金融安全的考虑，规定某些业务必须在银行网点亲自办理，如开户等。然而，在银行办理业务时，我们经常会面临这样的情况："您前面还有28位客户正在等待。"所以，我们不得不排队静静地等待被业务窗口叫号。这种排长队等候的服务方式，往往给广大客户带来诸多不便。

5G技术应用于银行服务当中，可以结合AR、VR，建立网上虚拟银行，提供虚拟网点沉浸式体验，银行职员为客户办理业务时，通过远程渠道进行实时互动，为客户提供自助服务辅导。在5G网络的支持下，实现了银行在线业务的智能化，用户可以不受时空限制，不需要跑到银行网点，省去了来回往返的时间，在家中即可完成各类业务的办理。这种能够足不出户、省去时间成本的金融服务，可以为客户带来更好的服务体验。

3. 省去材料提交的烦琐

传统银行掌握客户的信用度，主要依靠银行职员对个人客户和企业客户进行征信调查，根据调查结果判断其实际经营情况和财务状况，然后给出相应的信用评级。但在这个过程中，往往需要个人或企业提供种类繁多的材料来作为证明，使个人和企业客户耗费大量的时间和精力去准备各项材料。

当5G全面普及之后，未来的银行可以利用5G，实现海量数据的互联互通，实时掌握客户过往的贷款情况，来判断客户的信用度。这样不但能够使客户从烦琐的资料准备中走出来，还有助于提升信用等级评价的科学性和准确性，对客户而言，既节省了时间，又提升了效率。

总而言之，5G应用于金融行业，优化了银行业务的服务流程，减少了客户的等待时间，即使不到线下网点也一样能够获得金融服务，甚至所获得的金融服务更优于线下。同时，银行可以将AV、VR技术融入金融服务当中，为客户提供全新的场景化服务体验，这是对传统金融服务的创新和升级。

金融诈骗现象得到有效遏制

如今，随着经济的发展和科学技术的不断进步，网银、手机银行、电话银行等金融服务为广大客户提供便捷金融服务的同时，也使各种金融诈骗事件频发。

尤其是网络诈骗行为成为金融服务领域的一颗“毒瘤”，让很多人遭受财产损失。网络诈骗是网络犯罪者借助网络，利用数字化工具，使用虚构事实或者隐瞒真相的方法，诱使网络使用者提供姓名、身份证号、信用卡号、银行卡号、网络密码或者其他私密信息，并利用这些私密信息进行诈骗或者其他犯罪活动，以此骗取财产的行为。

4G 网络技术所具有的时延性、网络堵塞、网络安全性较差等缺点，给网络诈骗提供了可能性。进入 5G 时代之后，用户可以通过智能终端时刻保持在线，而且在交易高峰期和人员密集场所，不用担心由于网络容量的问题而导致信号拥堵，移动支付也会由于 5G 技术的加密变得更加安全，而那些假基站、电话号码的冒用等骗术也将无所遁形。

具体而言，通信服务提供商与金融业联手，借助 5G 防止金融诈骗的应用场景如下。

通常，诈骗者希望并试图掩盖自己的诈骗行为。传统的欺诈分析中，通信服务提供商所记录的信息中缺乏关键的信息，并且是在呼叫完成后生成的。5G 应用于金融领域，将会给网络诈骗行为的预防带来曙光。基于 5G 快速传输、超低时延的特点，可以在呼叫过程中进行监控，并且使用内置机器学习算法，将用户行为、地理位置、设备信息、交易类型等数据与数据库中的数据进行比较，在几毫秒内就可以自动完成数万次的数据收集和对比操作。一旦发生异常，就会自动阻止这种异常事件继续进行，有效识别欺诈行为，将网络诈骗事件扼杀在“襁褓”中。

所以说，5G在金融领域的应用，能够使网络诈骗行为在未发生之前就得到有效遏制。未来，金融领域的诈骗犯罪事件将会大大减少。

保险业：保险科技迎来新革命

保险行业经历了从传统保险到互联网保险的发展和变革。在生活中，如个人财产、生命安全以及养殖业、种植业、林业、商业等方面往往有很多不确定性，所以为了让损失降到最低，越来越多的人开始意识到保险的重要性，因此保险业在民众当中得到了极大的普及。

然而，随着近些年互联网保险的迅猛发展，各大保险公司在业绩空前繁荣的同时，也存在一些明显的弊端。

首先，由于保险行业的基础设施有待完善，很多保险公司的报价、核保、理赔、支付等接口还没有很好地打通，不能在第一时间给受保人员提供及时补偿。

其次，互联网保险领域的风险管控具有一定的复杂性和难度。

最后，保险行业正面临新的竞争规则，保险行业的客户和市场正发生着巨大的变化，客户群体和市场环境、社会行为模式都在发生改变。当前的互联网保险已经不能适应客户需求以及市场环境、社会行为模式的变化，而出现一些发展瓶颈。

虽然保险领域也进行了一些变革，如加入大数据、人工智能等相关技术为其赋能，但受4G网络传输速度慢等方面的限制，互联网保险的发展依旧有局限性。

5G 网络的出现，加速了互联网保险的升级，使智慧保险成为现实。融入 5G 网络的保险服务，将通过人脸识别、VR 技术、流程自动化等前沿科技，实现智慧识别、智慧交易、智慧营销。

总之，随着 5G 时代的到来，保险业的发展也受到了 5G 的助力和冲击，保险业将迎来一场新革命，呈现一片生机盎然的景象。

智慧识别：精准满足客户参保需求

得益于 5G 网络的应用，基于大数据、人工智能技术的保险行业的发展如鱼得水。智能保险顾问通过对客户进行相关投保问题的询问，并将客户回答的内容以及表达方式等数据借助 5G 网络快速传输到后台系统，后台会对该客户进行相关分析，包括性格分析、所处环境分析、潜在需求分析等，来识别该客户的参保意向和参保方向，之后再向客户提供更加适合的保险配置建议。这样的建议是建立在数字化和智能化基础上的，具有更精准和高效的特点，能够更好地满足客户的参保需求。

智慧核保：有效提升风险把控能力

核保工作是保险公司有效进行风控的重要步骤。当保险公司同意承保时，也意味着将面临一定的风险。如果被保人发生了符合合同规定的保险事故，保险公司就会根据合同条款进行赔付。当然，这必须建立在保险公司询问客户，而客户如实告知的前提下。

5G 的应用使核保工作变得更加智能化、数字化。由于 5G 实现了万物互联，各个智能设备实现了互联互通，智能保险顾问将所得到的客户相关数据传输给核保机器人，然后由核保机器人对客户的申请进行判断。

当客户在申请投保时，保险公司会给核保机器人设定核保规则，并由核保机器人对被保人进行风险筛选，包括职业核保（包括职业类型、职业环境数据）、财务核保（包括投保人是否有能力支付所有的保费数据）、医学核保（包括年龄、性别、体格、个人习惯、既往病史、现有病史、家族遗传数据）等，由此判断其是否可保。如果客户具备相关条件，就可以进入下一步的交易环节。这样，整个核保工作有序、精准，有效降低了人工核保失误而带来的风险。

智慧理赔：高效提升损失评估能力

相信很多人有这样的经历：当你满足一定的赔偿条件时，需要向保险公司提交申请，然后由保险公司对你的实际情况进行实地勘察，并且对你的损失进行评估，以核实是否满足签订合同内的理赔条件，再对保险标的价值进行核定和估算，最后做出相应金额的理赔。

整个过程从申请、实地勘察，到损失评估、赔偿金估算，再到给出理赔，不但烦琐，还耗时较长，使客户不能在第一时间获得应有的经济赔偿。

在5G时代，一切都大不相同。

假如一位农民的收成完全依赖天气状况：一年的雨水足够多，庄稼就会繁茂生长，有好的收成；如果一年中自然灾害不断，农作物收成就欠佳。于是，该农民为自己的作物买了保险，并且与保险公司签订了保险合约，在合约中明确指定了参保作物的位置、类型等。保险公司的网络服务会通过传感器收集当前和历史气象数据，有效预测出全年干旱、暴风雨或者其他天气条件。

如果自然灾害破坏了农作物，保险公司的智能系统会通过5G网络自动将传感器收集的实时天气数据与历史气象数据进行对比。当智能系统经过数据对比发现异常，确定农民受损情况达到了合同中的赔偿条件时，就会将信息快速推送给后台智能账务中心。账务中心会对农民受损情况进行快速评估，并及时给出赔偿金额，自动向农民账户中转入相应的补偿金。整个理赔过程既简单又快捷，更重要的是具有很强的精准性。这样，农民再也不必为赔偿金迟迟不能到账而担心。

可以说，人工智能在保险行业实现应用场景的落地，关键还是依托于 5G 网络强有力的支持和助力，从而给整个传统保险领域带来颠覆性的变革。

第七章
产业融合：5G 融入新兴产业

5G 犹如春天里最引人瞩目的一缕光，照亮了经济、社会和人们的生活，给整个人类社会的发展注入了新的活力。尤其是新兴产业，如车联网、物联网、人工智能、大数据、云计算、工业互联网等，更是搭载了 5G 的春风，像插上了一双腾飞的翅膀，向更高的方向飞翔。

5G+车联网，改变未来交通出行

世界上的第一台汽车诞生于1885年，距今已经有一百多年的历史了。目前汽车已经成为人们出行的重要代步工具。近些年，随着汽车数量的增长，出现了交通安全、出行效率、环境保护等诸多方面的问题。

车联网的出现给汽车领域带来了更多的遐想，如缓解交通拥挤、降低能源消耗、更好地配合交通管理与监控等，这些都是车联网给人们的交通出行带来的变革。

那么什么是“车联网”呢？所谓“车联网”就是通过无线通信技术，以及在传感器、数据挖掘、自动控制等相关技术的支持下，实现汽车与万物的互联，包括车与车、车与基础设施、车与人、车与网络之间的通信。

我们可以将车联网看作一个“微信群”，所有的车辆都是群成员，而交通信号灯等相关路边设施、行人等都可以看作群内信息，每个群成员都可以将自己的信息与其他参与者及时分享，及时告知自己所在的位置和行驶的路况信息、交通信号灯信息等，从而协助群内其他车辆对路况进行有效感知，保证车辆能够实现智能避让和安全行驶。

然而，车联网技术虽好，却在实际的应用中体现出一定的局限性。

1. 在体系结构方面

随着车辆数量的不断增长，车联网的体系结构会变得越来越复杂。在车载移动互联网中，路侧单元①作为车辆自组网无线接入点，将车辆

① 路侧单元：装在道路侧，专门用于车辆身份识别、电子扣分的装置。

以及道路信息上传到互联网，并发布相关交通信息。这种模式下，车辆与基础设施之间的协作通信模型需要大量的路侧单元做支撑，给交通带来了巨大的建设成本和能源消耗。

2. 在通信方面

在车联网中有很多通信网络，这些网络使用的标准和协议有所不同，数据处理和网络的融合不完善，影响了车联网的运行效率。另外，由于车辆高速移动需要快速可靠的网络接入并进行信息交互，时延受限成为当前车联网面临的一个重要问题。

3. 在安全方面

车联网中的用户信息都将存储在该网络上，可以随时随地被感知，但也存在被干扰和窃取的弊端，这样就给车联网的安全体系带来严重的影响，如数据受到破坏、数据泄露、虚假信息等安全与隐私问题、身份假冒、越权操作等。

随着 5G 时代的来临，车联网在以上 3 个方面所存在的弊端将会迎刃而解。此外，在 5G 通信技术的推动下，车联网不需要像以往一样单独建设基站和服务基础设施，这使车联网迎来了历史性发展机遇。

改变汽车产业投资方向

传统的车联网技术作为早期的 802.11a 技术的衍生技术，在 21 世纪初就已经诞生了。传统的车联网技术存在明显的局限性，主要体现在以下几个方面。

1. 缺乏长期的无线技术演进路线图

汽车产业随着车联网的不断发展，先与 4G LTE 相结合，又向 5G 时代不断迈进，并不是按照汽车产业最初的发展愿景及发展方向前进的。

2. 业界对车联网技术的投资动力不足

汽车厂商进行一次性投资是非常不划算的，随着时间的推移，传统技术将逐渐被淘汰。以道路基础设施为例，传统的车联网技术不能与其他广泛部署并不断进行创新的无线技术产生协同效应。对各级交通部门而言，很难拿出足够的资金对传统的基础设施进行改造和升级。

3. 传统车联网技术没有预见会出现加速转型

传统车联网诞生之时，并没有预见自身会在5G时代进入加速转型期，而正是由于全球5G技术的快速发展，使汽车厂商和道路基础建设的管理者重新审视自己的投资方向。

传统的车联网在技术方面存在一定的不足，然而，自从2016年基于3GPP无线标准的蜂窝车联网技术诞生以来，汽车产业的大多数汽车制造商采用了蜂窝车联网技术，借助蜂窝车联网技术，可以有效解决汽车行驶过程中的安全和效率问题。与此同时，道路基础设施的部署与5G的规模部署能够协同发展，各级政府再也不用为了一次性投资造成的成本浪费而烦恼。再加上蜂窝车联网技术与传统车联网技术相比更有优越性，不但能够提供传统车联网两倍以上的通信范围，而且在可靠性方面也显著提升。基于这样的优越性，无论是汽车制造商还是各级政府，都将蜂窝车联网作为重点投资对象，并且对车联网的投资有了更大的信心。

打破自动驾驶汽车的发展瓶颈

进入电子化时代，世界巨头纷纷将资本移向了自动驾驶。自动驾驶汽车的出现，是对汽车发展史上的一次颠覆，同时也在一定程度上改善了交通现状。

相关数据显示：截至2019年年初，美国加州政府已经向60家企业发放了自动驾驶测试牌照。中国各地政府也先后向24

家企业发放了测试牌照。我国已经发放了 101 张自动驾驶路测牌照，而百度占据了半壁江山，拿到了超过 50 张牌照。

目前，自动驾驶已经在中国和美国得到了快速发展。然而，自动驾驶汽车在行驶的过程中却出现了一定的瓶颈，主要体现在以下几个方面。

1. 安全性无法有效保证

自动驾驶汽车的发展从整体上看，大概经历了 4 个阶段：驾驶辅助阶段、半自动驾驶阶段、高度自动驾驶阶段和完全自动驾驶阶段。

前 3 个阶段只能被看作辅助手段，因为前 3 个阶段依旧需要驾驶员进行不同程度的监控和参与。如果完全脱离了驾驶员的参与，实现完全自动驾驶，在安全方面就难以得到保障。因此，完全自动驾驶要想达到高度安全，还需要其他技术的有效支持。

2. 系统的可靠性有待提升

自动驾驶本身存在一定的风险性。如果系统存在一些漏洞，那么就意味着别人可以通过软件侵入并控制你的汽车。那样可能会是一场灾难。

3. 车辆定位精准度有待提升

交通事故是我们十分不愿意看到的，轻则让人受伤，重则夺去人们的生命。然而，即便是当前代表最前沿、最新潮的自动驾驶汽车也会发生交通事故。

据不完全统计，自 2016 年开始到现在，全球已经发生了 8 起自动驾驶交通事故。导致事故的原因也是多样的，从感知到决策再到控制，任何一个环节产生错误，都有可能引起交通事故的发生。自动驾驶汽车对行驶环境中的人、车、其他障碍物的定位，是其感知环节中非常重要的部分，它能够帮助车辆有效判断当前所处的位置以及周围的环境状况，从而对当前的状态进行整体认知。如果自动驾驶汽车能够精准定位，再加上高精度地图的帮助，就能对当前整体驾驶环境下的一些静态或准静态信息进行非常准确的判断，并在此基础上做出正确的决策，对车辆的下一步行为进行有效控制。这样就能有效避免交通事故的发生。

然而，实现精准定位的关键，一方面在于卫星导航技术，另一方面在于信号传输网络。一旦卫星传送的信号受到干扰甚至中断，地面的自动驾驶就难以为继。试想一下，如果一辆谷歌自动驾驶汽车在公路上行驶的过程中无法获得来自谷歌地图的信息，那么一场交通灾难便会在不可控的情况下发生。

4. 复杂环境感知能力较低

在那些基础设施缺损比较严重、部署不够完善的道路，或者在车流量较大，且车速较快的高速公路等复杂场景中，自动驾驶汽车有时候难以对复杂的道路环境进行实时感知，并做出实时决策。

5G 通信网络的出现，则对以上自动驾驶汽车的发展瓶颈有很好的改善。

5G 通信网络具有更高的网络容量，可以为每个用户带来每秒千兆级的数据传输速率，同时还具有超低时延的特点。拥抱 5G 技术的车联网，能够有效帮助车辆间进行位置、速度、行驶方向和行驶意图的感知与沟通，也可以利用路边基础设施辅助车辆对行驶环境进行感知，有效减少行驶环境中的各种干扰，降低终端之间连接中断的概率，以此来满足自动驾驶汽车在行驶过程中的所有要求。

例如，传统的自动驾驶汽车利用自身装有的摄像头对道路的状况进行监测，但这样可能无法保证自动驾驶汽车能够对交通信号灯进行准确判断，因此很容易引发闯红灯等违章行为。

但是将 5G 技术与车联网技术相结合，交通信号灯的信号以无线的方式发给周边车辆，就能有效确保自动驾驶汽车的准确位置和行驶状态，有效避免交通事故的发生。

再如，车辆在道路上行驶时，经常会在路口发生交通事故，尤其是左转车辆由于存在一定的视线盲点，司机和车载传感器经常无法观察到路口内横穿的行人。为了解决安全问题，通常会在路口装上雷达和摄像机对路口的行人进行监控。如果检测到斑马线上和路口有行人通过，路边设施就可以将检测到的情况及时通知即将转弯或者直行的车辆，使其及时规避事故的发生。

5G 技术与车联网技术的融合，为自动驾驶的实现带来了有效保障，实现了“智能的车 + 智慧的路”，让自动驾驶具有更好的应用前景。

5G+ 物联网：万物互联，把世界推向一个新高度

目前，物联网的应用已经遍布我们生活中的各个角落，甚至在工业生产领域也经常能看到物联网应用的身影。

那么什么是物联网呢？物联网其实和互联网相似，是一个基于互联网的网络，但是它有 3 个与互联网不一样的重要特征，那就是它具有普通对象设备化、普适服务智能化、自洽终端互联化的特征。物联网能让所有独立的普通物理对象之间实现互相关联。换句话说，物联网就是利用信息传感设备和网络将所有独立的物品连接起来，进行信息交互，从而实现智能识别和管理。总之，物联网的本质就是互联网的拓展。

5G时代是一个实现万物连接的时代，因此5G技术的发展，影响最大的新兴产业就是物联网。可以说，5G就是为物联网的真正实现而服务的。5G+物联网，将我们生活的世界变得更美好。

全面促进万物互联的进程

随着5G时代的到来，我们可以看到，除了智能手机以外，受影响最大的就是物联网。因为5G具有高速传输、超低时延、超低功耗等特点，5G网络能够完美地实现万物互联。因此，5G对物联网行业的改变是积极的且巨大的。

> 市场研究公司IDC预测：2020年，全球物联网连接数量接近300亿。物联网市场规模在2020年之前以每年16.9%的速度增长，全球物联网市场到2020年增长至1.7万亿美元。

以上这些数据足以说明，物联网具有十分广阔的发展前景。物联网的应用领域十分广泛，较为普遍的观点为，物联网应用的主要领域包括智能家居、智能交通、智能医疗、智慧城市等十多个行业。将5G与物联网相结合，可以加速实现各领域的万物互联。

智能家居是最能体现物联网特质的一个领域。简单来讲，就是将家中一些原本需要人工操作才能正常运行的设备（如冰箱、空调、电视、照明设备、窗帘等），通过网络连接起来，从而实现集中控制（如通过遥控器或智能手机进行集中控制）。但这种传统的物联网对用户而言，操作烦琐且不够人性化，只是把这些家居设备的开关都集中起来而已。但5G网络的应用，将有效改变这一现状。

5G的出现，使借助物联网而相互连接起来的所有家居设备不会再出现控制时延等现象。再加上人工智能的发展，使用户对家居设备的操控不再烦琐。用户不需要考虑今天天气热不热、需不需要开空调，因为人工智能会根据当天的气温变化来调节室内温度；用户也不需要考虑需不需要开照明设备，因为人工智能会根据室内的明暗程度来决定是否需要打开照明设备。甚至可以做到每天早上为用户准备咖啡和早餐，在主人出门后自动打扫卫生等。这样的场景都是借助物联网实现的。然而其实现的基础就是 5G 网络。当人工智能发现需要开启空调、需要打开照明设备、需要准备咖啡和早餐、需要打扫卫生时，就会将这些指令通过 5G 传输给家居设备，家居设备收到指令后就开始自动运作。

可见，5G 标准给物联网提供了更加充分的支持。5G 网络相当于为物联网的发展和落地提供了一个“加速带”，在 5G 技术的推动下真正实现了万物互联。

移动互联网与物联网全面整合

从当前发展的形势来看，可以预见，移动互联网和物联网是未来移动通信发展的两大主要驱动力，也是 5G 应用的两大前景和方向。

然而，随着 5G 标准的落地，除了智能手机发挥了巨大作用之外，大量智能可穿戴设备也会走进人们的日常生活当中，如智能手表、智能眼镜、智能手环、智能衣服、智能头盔、智能拐杖、智能袜子、智能鞋子、智能书包等。这些五花八门的智能可穿戴设备在人们的生活中的职责也会越来越重要，并且越来越被更多的人所接受，使用的人群不再局限于特定的消费人群。随着物联网的推广和落地，智能可穿戴设备也逐步开始用于日常安全防护和健康管理等领域。

> 市场研究公司 IDC 预测：从 2016 年到 2020 年，可穿戴市场明显增长，预计 2020 年智能可穿戴设备的发货量会达到 2 亿元，智能手表的出货量将达到 1.61 亿元。

可见，可穿戴设备市场潜力巨大，随着物联网时代的追近，可穿戴市场将迎来新的飞跃。与此同时，移动互联网与物联网之间的联系也越来越紧密。可以预见，未来移动互联网和物联网之间必然走向深度融合的状态，并且会打造出一个新的、十分值得期待的产业生态。

产业互联网全面推进

目前，互联网的发展正在经历从消费互联网向产业互联网的过渡，产业互联网将全面深入广大传统产业当中，这将在各传统产业释放出更多的发展机会。

那么，什么是消费互联网和产业互联网呢？

消费互联网是以个人为用户，以日常生活为应用场景，满足消费者在互联网中的消费需求而生的互联网类型。

产业互联网是一种经济形态，是通过信息技术与互联网平台充分发挥互联网对生产要素的集中和优化作用，实现互联网与传统产业的深度融合。简而言之，产业互联网就是对传统实业进行互联网化。而传统经济互联网化的过程实际上就是物联网的过程。

如今，伴随着大量物联网设备和工业设备，以及5G网络的到来，产业互联网成为新的联网终端。

全球移动通信系统协会（GSMA）提供的数据显示：2017—2025年，工业物联网设备连接数将增长100.75亿，消费物联网连接数将增长60.49亿，授权功耗广域网连接数将增长18.28亿。

显然，产业互联网的发展前景十分美好，然而这只是产业互联网的一角。5G本身能够实现万物的互联互通，而物联网又是产业互联网建设的基础，5G与物联网相结合，能够推动产业互联网的广泛普及，同时又能够给相关产业领域带来巨大的市场机会。

5G+ 人工智能：万物智联点亮智慧生活

人工智能虽然是一项前沿科技，但从早期概念被提出来之后，一直都在默默地发展。直到 1997 年“深蓝”战胜了国际象棋冠军，人工智能的神秘面纱才慢慢地揭开。20 年后，在 AlphaGo 先后战胜了两大世界级围棋高手李世石、柯洁之后，人们开始对人工智能的发展给予了更多的关注。

那么，什么是“人工智能”呢？从科技的角度来讲，人工智能就是集深度学习、计算机视觉、智能机器人、自然语言处理、实时语音翻译、情景感知计算等于一体的前沿科技。从广义上来讲，人工智能可以说是研究、开发用于模拟、延伸和扩展人的智能的理论、方法、技术以及应用系统的一门新的技术学科。

如今，随着移动通信技术的进一步发展，进入了一个全新的万物互联的 5G 时代，海量数据为人工智能的研究和应用提供了很好的数据支撑和基础。5G 与人工智能相结合，为我们开启了一个万物智联时代。由此，自动驾驶、刷脸支付等进入我们的生活，为我们点亮了智慧生活。

环境感知成为现实

看过《钢铁侠》的人一定非常羡慕电影里托尼 · 斯塔克（Tony Stark）的生活：当他穿上一件酷炫的盔甲时就可以成为令人瞩目和崇拜的英雄，能够拯救世界；当穿上 Tom Ford 西装时又瞬间成为顶级土豪……然而，最突出的亮点是，他还拥有一个超级强大的智能管家贾维斯（Jarvis）。从室内管理到盔甲建设，一旦发号施令就立即变为现实。这样的智能化生活让人们着实羡慕不已。

如今，随着人工智能的发展，再加上 5G 网络的应用，《钢铁侠》中的智能生活场景不再是梦。届时，远程遥控空调、手机开关灯，甚至是接待好友这样的事情，都能由像贾维斯一样的智能管家帮你完成。

事实上，早在 20 年前，世界首富比尔·盖茨（Bill Gates）就不惜拿出 1 亿美元来打造举世闻名的“未来屋”，这也是智慧生活时代的开始。随着社会经济和科技的不断发展，人工智能和 5G 接轨，使万物智联成为现实，人们的生活逐渐走向智能化、智慧化。

那么，什么是“智慧生活”呢？智慧生活的定义：将生活中的各种与信息相关的通信设备、智能产品终端通过总线技术连接到一个家庭智能化系统上，从而构建出一个集监控、监视和事务管理于一体的智能控制系统，多方位、多角度地给人们带来更加舒适、更加方便、更加便捷、更加健康的生活方式。

智慧生活包括智能移动、智能社交、智能家居、智能穿戴、智能购物、智能办公 6 个部分。其核心是借助统一的云服务实现各种智能家居产品与各种专业服务部门和机构的紧密合作，通过无线连接，直接实现各部门和机构的社交互动，从而构建出智能生活门户，涵盖了家居、购物、社交、穿戴、办公等所有与生活息息相关的领域，全方位体现智能生活的精彩。

然而，实现这一切的基础就是人工智能对环境的感知成为现实。与智慧生活相关的家居、健康、安防、购物、社交、穿戴、办公的智能化，都是通过无线智能设备对外部环境具有的感知能力来推动和实现的。在网络发展快速的时期，尤其是进入 5G 时代，5G 网络已经覆盖了生活中的各个角落，我们生活中的任何事情、任何事物都离不开网络的支持，这使人工智能变得更加具有“智慧”，它能够通过对外部环境的变化感知，来做出正确的判断，实施正确的操作任务，以满足人们生活中的各种需求。

智慧生活场景一：智慧清扫

清华大学打造了一款无人清扫车。该无人清扫车高 1m，主要用于扬沙、灰尘大的天气，以及空旷的封闭区域，它在工作的时候能够通过无线网络和传感器等有效感知障碍信息，并通过无线网络将信息传输给人工智能系统，有效避开障碍物。当无人清扫车发现前面有人或障碍物时，就会自动往后退；当有人朝着无人清扫车前进时，无人清扫车就会不断后退。一辆无人清扫车的工作量相当于 6 个环卫工人的工作量。

无人清扫车小小的身形，却隐藏着巨大的能量。基于无线网络和人工智能的发展与融合，无人清扫车不但能在复杂的路面环境下实现自主避让、自主清扫，还能够提高清洁效率，解放更多的人力资源，实现资源的有效整合，从而为我们构建一个美好的智慧生活圈。

智慧生活场景二：智慧购物

阿里巴巴打造了线下“无人超市”，消费者在这里可以获得更加智慧的购物体验。

消费者进店前，只需要拿出手机登录淘宝，扫一扫店外随处可见的二维码，进行身份授权（即同意支付宝代扣现金的协议），即可生成一张入场码。该入场码只有 5min 的有效期，过期作废。当消费者拿到这张入场码之后，就可以通过超市闸机入场。

进入超市后，消费者正常选购商品即可。在超市内，商品的品类齐全，货架置于店铺两边，中间则设有咖啡桌。店内布满了各种摄像头，对消费者的产品选购行为进行图像捕捉，以便识别消费者的消费习惯、喜好等相关信息，并将这些数据信息通过无线网络传输到后台人工智能系统。

当消费者选购完毕，来到“支付门”前，门便会感知到有消费者走来，“支付门”会自动打开。消费者在穿过“支付门”时，会进入一个小黑屋，里面布满了无线网络，以及各种传感器、人脸识别、人工智能等技术产品。从第一道门打开到离店，整个过程五六秒即可完成。在这个时间段里，就已经自动完成人和商品的感知与识别，进行对消费者和商品的双重身份核实。目前达到的效果是人脸误识别率0.02%，商品误识别率0.1%。在第二道门打开后，淘宝随即生成订单，并且自动在支付宝中扣除与商品售价相应的金额，支付宝也会显示相应的支付信息。整个支付过程也就悄无声息地完成了。但如果消费者没有选购任何商品，该门就不会自动打开，而是需要消费者从旁边的无购物通道离开。如果带着商品从无购物通道离开，则会发出警报，强行离开则会影响到消费者以后再次进入无人超市购物。

阿里巴巴无人超市的这种新颖的智慧运营模式，使消费者在整个消费过程中都能感受到超强的智能化特点。同时，这种智慧支付功能的应用，是一种技术和商业模式的创新，也为阿里巴巴的无人超市节省了很多成本。

5G技术与人工智能的融合，将为传统零售业插上智慧的翅膀。在5G网络的支持和推动下，人工智能应用于零售业，将实现资源配置的优化，孵化新型零售形式，重塑价值链，使零售商具有更强的竞争力。

总之，无论是智能移动、智能社交、智能家居，还是智能穿戴、智能购物、智能办公，一切都具有了“自我感知”的能力，从被动接受用户的控制，升华为主动去“感知”环境，并做出相应的反应。这些智慧生活场景得以实现的基础是一个低功耗、快速传输的通信网络，而 5G 就具备这样的能力，5G 的加入能在很大程度上改变我们现有的生活。

“智慧大脑”最大化助力城市管理

城市管理是当前社会管理工作中的重要内容，体现的是一个城市建设现代化程度的高低。因此，做好城市管理工作，对城市建设至关重要。

那么，什么是“城市管理”呢？城市管理是以城市基本信息流为基础，通过一定的法律、行政、经济、技术手段对城市的发展进行决策、计划、指挥等，使与城市规划、城市建设、城市运行相关的基础设施、公共服务设施和社会公共事务管理等规范、协调。

当前，我国正处在一个城镇化加速发展的时期，再加上国内众多的 5G、AI、IoT 等科技创业公司，使我国的城市管理正在构建一种新的模式——城市大脑，来实现更高程度的协同化管理。

5G 具有传输速率高、超大容量、超低时延的特点，为万物互联的 IoT 带来了更高效的信息传输通道，如给智能家居、车联网、无人驾驶、智慧医疗等领域带来了广阔的前景。AI 技术则为 IoT 提供了更加智慧的信息收集入口，带来了更加丰富的应用场景。

5G+AI+IoT 可以为我们打造一个高度智能化、自动化的智慧城市，这将会为城市管理带来跨越式发展。

首先，基于5G网络，智慧城市将为电网、交通、安防等方面提供更加直接的、合理的、科学的管理，能够更好地助力城市从感知到执行的全过程，为城市提供更加安全、可靠的保护。对遍布在城市各地的监控等基础设施而言，5G技术可以以更快的速度传输超清监控数据，不再局限于固定网络，智能监控数据的读取以及共享能力将得到极大的提升。

其次，AIoT（AI+IoT）将在实际应用中落地融合。

> 目前，AIoT已经成为“兵家必争之地”。
>
> 雷军在小米AIoT开发者大会上宣布：“AI+IoT是小米的核心战略，未来5年、10年不会动摇。”
>
> 阿里巴巴将IoT作为其继电商、金融、物流、云计算之后的“第五赛道”。
>
> 京东推出了穿行品牌“京鱼座”，构建了小京鱼AIoT生态。
>
> 华为、特斯拉、旷视科技也在AIoT战略上有更加深入的布局。
>
> 这些科技大佬和行业巨头争相在AIoT生态方面进行扩张，可以预见，未来AIoT成为行业标准势在必行，并将成为各领域发展的一道“硬菜”。

AIoT借助智能传感器、通信模组、数据处理平台、云平台、智能硬件、移动应用等核心技术和产品，将庞大、复杂的城市管理系统划分为多个垂直模块，为人与城市基础设施、城市服务管理等建立起更加紧密的联系。在AI的加持下，城市将拥有“智慧大脑”，最大化助力城市管理。

总之，5G进入商用阶段之后，5G+AIoT打造的智慧大脑作为城市发展的一种新型战略，将会为城市的发展和建设带来一个鼎盛时代。

5G+ 大数据：大数据产业发展迎来新机遇

如今，全球经济已经进入了白热化时代，互联网、大数据、物联网、云计算的出现多多少少地改变了全球市场经济的格局，尤其是大数据加速了全球市场经济的变革。大数据所承载的业务形式更加具有复杂化、多样化的特点，且数据规模呈爆炸式增长，海量数据以及其中所蕴含的巨大商业价值，是许多企业追逐的核心财富。

那么，什么是“大数据”呢？大数据实际上就是巨量资料的一种学术称谓，它具体指的是需要新的处理模式才能具有更强的决策力、洞察力和流程优化能力的海量、高增长率和多样化的信息资产。那么，这样一个“巨量资料”是凭借什么潜质，受到越来越多的人追捧以及青睐的呢？这还得归功于大数据的四大特点，我们将其简称为 4V：Volume（大量）、Velocity（高速）、Variety（多样）、Value（价值）。

Volume（大量）：截至 2019 年，人类所生产出来的全部印刷材料的数据总量约为 200PB，而历史上全人类说过的所有的话的数据量大约是 5EB。现在，个人计算机硬盘的容量一般为 TB 量级，某些大企业的数据量已经惊人地达到 EB 量级。

Velocity（高速）：例如，我们要存储 1PB 的数据，假设带宽（网速）能达到 1Gbit/s，电脑 24 小时不间断地运行且容量足够，将其存入电脑需要 12 天完成。现阶段通过云计算会大大缩短存储时间。

Variety（多样）：结构化数据和非结构化数据构成了数据的多样性。

以往的结构化数据主要是以文本形式对数据进行存储，现在的诸如音频、视频、图片、网络日志、地理位置信息、购物记录、搜索记录等非结构化数据越来越多。

Value(价值)：如果我们能够合理利用数据，能够进行正确、准确的数据分析，那么它将会为我们带来很高的价值回报。在欧洲的一些发达国家，政府管理部门通过合理使用大数据，提高效率之后节约了很多费用。

目前，越来越多的人意识到大数据对当今社会发展的重要性。

一方面，全球范围内的互联网巨头、科技巨头正在不断构建自己的数据中心，对数据的重视程度达到前所未有的高度。

另一方面，传统企业正在不断寻求新的手段来实现转型，产业互联网等概念正在被越来越多的传统企业所接受，大数据的应用已经逐渐从互联网企业渗入越来越多的传统行业当中。大数据在传统行业应用的过程中，同样产生了庞大的数据量，而且对数据传输的实效性和速率提出了更高的要求。

如今，进入5G时代，大数据作为一项新兴产业，与5G相结合，能够很好地弥补4G时代的不足，使大数据的海量传输、存储和处理都能够快速、精准、高效地实现，为大数据产业的发展迎来了新机遇。

大数据采集更加方便

任何产业、任何企业，要想使用大数据为自身创利，采集大数据是第一步。拥有了庞大的数据基础，才能更好地利用大数据为自身服务。

如今，大数据已经被广泛使用，摄像头、话筒等都是数据采集的工具。在进行大数据采集的过程中，需要整合信号、传感器、数据采集设备、应用软件等，才能将规模庞大、复杂多样化的数据采集到手，并以办公文档、文本、图片、报表、图像、视频、音频等形式呈现出来。

常用的数据采集方式有以下 3 种。

1. 传感器采集

传感器采集方式通常用于测量物理变量，如声音、湿度、温度、距离、电流等的变化，将测量值转化为数字信号，传送到数据采集点，让物体拥有触觉、味觉等感官，让一个原本冷冰冰的物体变得“活”起来了。

2. 系统日志采集

日志文件数据通常产生于数据源系统，用户记录数据源的各种操作行为，如网络健康的流量管理、Web 服务器记录的用户访问行为等。很多大型互联网企业有自己的数据采集工具，如 facebook 的“Scribe”，其采集工具能够满足每秒数百 MB 的日志数据采集和传输的需求。

3. Web 爬虫采集

网络爬虫是搜索引擎下载并存储网页的程序，通常是搜索引擎和 Web 缓存的主要数据采集方式，如阿里巴巴的“生意参谋”。该方式从网页中抓取的数据将以统一的本地数据文件存储起来，可以以图片、音频、视频等文件或附件的形式采集并存储。

以上 3 种数据采集方式都需要一个核心基础作为后盾，那就是网络。如今，进入 5G 时代，较 4G 具有明显的优势是高速率、低功耗、低时延。再加上 5G 落地将对物联网的发展产生极大的影响，5G 与物联网的融合，使万物互联互通成为可能，这成为大数据的主要来源，并且所产生的数据量也会更大，采集渠道也会越来越多（如车联网、可穿戴设备、智慧城市等），所涉及的数据维度也越来越高，这些都为大数据的采集提供了极大的便利。

提升数据处理的速度

虽然可以直接使用大数据，但这样所产生的数据价值并不是很高。经过分析和处理之后的大数据才具有更强的决策力、洞察力，才更能体现出数据中隐藏的巨大价值。

大数据对处理速度有一定的要求，因此关于大数据的处理速度，有一个“1 秒定律”，也就是说一般要在秒级时间范围内给出分析结果。因为一旦分析处理时间太长，数据就失去了应有的价值。这个速度要求是大数据处理技术和传统数据挖掘技术最大的区别。

然而，随着数据规模、种类和形式的不断增加，再加上数据的复杂化、多样化日益严重，对数据的处理能力提出了更高的要求，“1 秒定律”必将在这样的情形下难以为继。

5G 的发展，不但能够丰富数据的采集渠道，还能促进大数据分析处理速度的提升。因为 5G 对时延的要求控制在 1~10ms，甚至更低，这种要求是十分严苛的，与“1 秒定律”相比，5G 网络下的数据处理速度是十分惊人的，有效提升了数据的处理速度。

推动大数据全面落地应用

大数据并不在于“大”，而在于“有用”，其价值就在于在实际生活、工作中的使用。在大数据应用过程中，通过数据分析与处理做出的决策实际上要比根据经验得出来的决策更靠谱。

随着时代的发展，大数据技术已经在互联网上取得了广泛的应用，如精准广告、个性化推荐、趋势预测、消费者画像等，这些应用都体现了大数据的核心价值在于挖掘、洞察和预测。可以说，大数据将像石油一样成为企业在经济运行中的黄金资源。如何解决大数据的落地应用问题则成为产业人士和大数据从业者所面临的一道难题。

无线宽带接入技术以及移动终端技术的不断发展和创新更加刺激了人们在移动过程中从互联网获取信息和服务的需求，因此，移动互联网变成了大数据分析、应用的另一个重要战场。

如今，大数据已经在以下几个主要领域率先落地。

1. 金融领域

金融领域与大数据的联系是比较密切的，二者之间的关系也是比较敏感的。金融领域的涵盖面非常广泛，包括政府金融机构、保险机构、民营金融机构等，大数据技术的发展进一步提高了金融领域数据的处理能力，同时业务范围也会得到进一步扩展。

2. 城市管理

城市管理是城市建设过程中的重要部分，大数据技术作为城市管理的核心技术之一，会在其中发挥重要的作用。目前，在城市建设中处处都能看到大数据应用的身影，如政务系统、城市安防、交通管理、险情处理等。

3. 医疗领域

大数据在医疗领域也已经逐渐落地应用。因为医疗领域有大量的病患数据积累，所以在开展大数据应用方面也存在得天独厚的条件。

5G 的出现将为大数据的落地应用提供更加重要的支持，这个支持就是物联网和人工智能的结合（AIoT）。在 5G+AIoT 的作用下，大数据的落地应用场景体现出更多的智慧特性。

大数据落地应用场景一：智慧金融

客户向银行贷款后，大多数客户在逾期 4 ～ 15 天的阶段是愿意主动还款的，催收机器人能够精准识别客户超过 80% 的问题并为客户提供解决方案。未来，在 AIoT 的支持下，需求密度极高的小额贷款市场（即还款金额小、还款周期短的贷款业务）将高度智能化。此外，5G+AIoT还将使智能投资系统有效分析客户账户的投资活动，并根据客户风险偏好来诊断投资状况，对客户的异常情况进行提醒等。

大数据落地应用场景二：智慧城市

以前，有儿童或老人走失，往往需要多名警察花上很多天的时间，对着监控视频一帧一帧地进行人脸对比，这样往往错过了最佳的寻找时间。利用AIoT赋能的智慧城市天网系统，通过IoT摄像头实时捕捉人脸信息，通过AI技术分析数据，在系统中锁定相关人员的行为轨迹，自动执行指令，利用5G的高速率的特点极速锁定走失儿童或老人的位置，甚至还能抓获犯罪分子。

大数据落地应用场景三：智慧医疗

很多时候，人们由于工作、生活、学习过于繁忙而忘记了关心家人的健康，甚至也忽略了自己的健康。"虚拟医生"成为人们呼声最高的AIoT应用。AIoT赋能的虚拟医生，能够时时关注个人健康状况，实时监控健康状态，甚至能提前预测可能发生的病情隐患，并通过5G网络将异常信息及时推送给监护人，实时呵护每个人的健康生活。

智慧金融、智慧城市、智慧医疗只是大数据在5G时代落地应用场景的几个缩影，事实上，大数据借助5G网络在各领域的应用，能够使越来越多的传统行业实现转型，走向智能化，从而建立一个基于大数据技术的开放、共赢的智慧应用生态圈。

5G+ 云计算：万物可云，成为云计算的下一个风口

云计算被看作当前的一种新兴前沿科技，或许因为它看上去给人一种神秘感，所以很多人认为它可望而不可即。其实不然，云计算在很多企业里经常被用到，所以对企业而言，云计算并不是新鲜的事物。

那么，什么是“云计算”呢？云计算是分布式计算的一种，是通过网络“云”将巨大的数据计算处理程序分解成无数个小程序，然后通过多个服务器组成的系统进行处理和分析这些小程序，将得到的结果返回给用户。简单来讲，云计算就是对数以万计的数据进行处理，从而服务于用户的网络技术。在很大程度上，云计算的应用是通过互联网实现的。

随着网络技术的不断发展，从互联网到移动互联网，从 1G 到 5G，逐渐向移动化、高传输速率方向发展。5G 的落地应用，对云计算的普及会起到全面的促进作用。由于 5G 明显提升了网络效应、可靠性和单位容量，大量的本地计算业务完全可以迁移到云端，从而使云计算可以充分发挥自身的优势。另外，5G 除了万物互联之外，与云计算相结合，还可以实现“万物可云”，如云游戏、云软件、云处理器等，成为云计算的下一个风口。

终端计算将向云端迁移

进入 5G 时代，对云计算的发展是极其有利的。5G 时代，网络速度呈飞跃式提升，万物互联进入一个智能新时代，其背后的大量数据就需要有强大的计算和存储能力。为了能够拥有这种强大的计算和存储能力，

企业纷纷开始选择将自己的终端计算向云端迁徙。

硬件技术的提升空间往往很有限，因此必须进行网络结构的优化。5G网络的特点，即大带宽、大规模连接、超低时延和高可靠性，因此可以满足不同场景的应用需求。在无线侧则有大量新技术对不同的应用场景进行支撑；在传输网络侧，在硬件技术提升有限的情况下，需要对网络架构进行革新。5G在4G的基础上应运而生，但在网络特点和优势上更胜一筹。

5G网络在应用的过程中，可以使下载速率每秒达到数百兆，甚至超过机械硬盘的读写速度，这就意味着在进行数据计算和存储时，在“云端”比在“本地”的计算和存储速度要快很多，而且还可以大幅降低终端硬件升级的成本。因此，在5G时代，终端计算向云端迁徙将是大势所趋。

随着5G技术与车联网、可穿戴设备的深入融合，车联网和可穿戴设备会由于5G网络而大幅提升相应的效率，所以这两个领域在5G时代对云计算技术的应用频率会更高。

即点即玩，体验无与伦比的移动云游戏

5G的出现，不仅会使手机行业发生变革，游戏领域同样也是如此。5G具有更快的数据传输速度，因此会使云电脑和云游戏这种让人感觉遥远的概念成为现实。

什么是“云游戏”呢？以往玩家必须将游戏软件下载到设备当中并安装好后才能玩游戏。云游戏则不必如此烦琐，仅需连接到相应的云平台，就能快速进入到游戏当中。其原理是：将游戏放在云端服务器中运行，将渲染完毕后的游戏画面（包括控制流和音频流）进行压缩，通过网络传输给用户，在用户显示器上进行解码之后就可以将画面显示出来，

同时再将用户操作（即控制流）回传到云端服务器。显然，云游戏对玩家的设备没有门槛要求，玩家不需要购买高配置、高价格的电脑设备，也不需要下载客户端，只需要具有基本的视频解压能力即可，这有效降低了玩家的游戏进入成本。另外，用户可以随时、随地即点即玩进行娱乐，可以体验到无与伦比的移动云游戏。

微软打造的 Project Xcloud、谷歌打造的 Project Stream、腾讯与英特尔共同打造的“腾讯即玩”、索尼推出的 Playstation Now、英伟达研发的 Shield 以及 macOS 等，都是云游戏的应用。

实际上，早在 2009 年，云游戏的概念就已经在业内出现过，其发展却相当缓慢。即便是全球瞩目的科技“大咖”谷歌所打造的 Project Stream，在进行测试时，也收到部分玩家的不良反馈：画面最好只能维持在 1280 像素 ×720 像素的分辨率，加载过程中画面经常模糊，阴影和渲染也问题频出。

云游戏之所以发展缓慢，且画面效果难以给玩家带来良好的畅玩体验，关键还在于网络带宽的限制，带宽限制了画面传输的速度，使玩家的操作不能流畅进行。5G 网络的传输速度超快，且具有超低时延的特点，将有效解决云游戏瓶颈。

5G 融入云游戏当中，将推动游戏行业形成新格局。

一方面，打通游戏各细分领域，使云游戏内容厂商、云计算厂商等，在本行业中具有长期的竞争优势。

目前，国内推出的云服务有：腾讯云、阿里云、金山云、顺网云以及盛天云等。

目前，国内较有实力的游戏研发商有：腾讯、网易、盛大游戏、完美世界、游族网络、三七互娱、吉比特、凯撒文化等。

另一方面，云游戏不同于端游、手游、页游，是一种全新的创新游戏模式，完全打破了终端限制的壁垒，有效实现了主机游戏、端游、手游、页游玩家的全面互通，游戏不再有硬件兼容的要求，扩大了游戏企业的潜在用户群。

随着5G商用的普及，云游戏将成为5G商用最大的市场，同时也有望迎来高速发展期。

第八章
未来可期：5G 时代远超我们的想象

5G 时代已经不再存在于我们的想象和幻想当中，而是已经实实在在地来临，5G 时代到底能打破什么？又能给我们带来怎样的震撼和感叹？这是我们每个人心中所憧憬和期盼的。1G、2G、3G 与 4G，面向的是消费者；5G 面向的是智慧城市。5G 除了对制造业、农业、零售业、医疗健康、媒体、物流业、金融业、保险业进行变革之外，必然还会对其他领域产生巨大的影响。可以说，后 5G 时代，通信业的发展趋势，以及对我们整个人类社会的影响和变革都会远超我们的想象。

“后 5G”时代，通信发展的未来

如今，许多互联网企业、业内人士，甚至普通用户对 5G 的热爱已经达到了“疯狂”程度，专业人士已经开始利用精湛的技能，经过精心研发、多次试验，最终将他们脑海中的那些早期人们认为不可能成为现实的应用场景，借助 5G 网络一步步变为现实，并呈现在人们面前。5G 给人类的生产、生活、学习，以及各领域带来的巨大影响让人惊叹不已。

然而，万事万物都是在不断变化中前进的，5G 网络也不例外。因此，我们不由自主地会设想起 5G 发展的未来：未来“后 5G 时代”的通信业将会如何发展呢？我们的生活将会有哪些更让人称奇的变化呢？这些都是我们每个人关心的问题。

信息在螺旋电波上进行传输

无线通信技术自从 20 世纪 80 年代诞生了第一代移动通信技术（1G）之后，基本上每 10 年就会更新一代。在最近 30 年里，通信速度提升了将近万倍。这种超乎想象的发展速度，实在是超出了人们的想象。

目前，全球最大的 17 家移动运营商中，有 82% 的运营商正在进行 5G 试验和测试工作。而 3GPP 的 5G 技术标准的发展进程为：

2017 年 12 月，Phase 1 NSA（第一阶段 非独立组网）标准冻结；

2018 年 6 月，Phase 1 SA（第一阶段 独立组网）标准冻结；

2019 年 12 月，Phase 2 SA（第二阶段 独立组网）标准冻结。

如今，5G 网络进入到第二阶段独立组网标准冻结时期，2019—

2020 年 5G 网络规模商用。所以各大手机厂商纷纷抢时间，希望自己能够率先推出 5G 手机，成为第一个“吃螃蟹的人”，以此率先占领 5G 手机市场。所以，使用 5G 网络和 5G 手机对人们来说已经是近在眼前的事实。为了竞争，每个国家都不甘落后于人，各自进行不同的提前规划和布局。日本已经开始研发和规划“后 5G”通信标准。

日本通信企业 NTT DoCoMo 已经开发出全新的技术，以此来打造一个全新的“后 5G”时代。“后 5G”的传输速度可以达到 5G 的 5 倍，即每秒 100GB 的传输量。然而，其面临的一个重要难题就是传输距离与 5G 相比更短。

“后 5G”技术，成功实现了 5G 与 4G 网络频率的共享，使相同的无线频谱资源能够灵活、动态地分配给 4G LTE 网络和 5G 网络使用，从而最大限度地提升了频谱效率。

除此以外，日本总务省还公布了一个重要的设想：21 世纪 30 年代电波的利用战略方案，并且提出了“Beyond 5G”（“后 5G”时代）战略。该战略的目的是推动速度达到现有移动通信 1000 倍以上的通信标准走向实用阶段。

目前，日本总务省和通信部已经开始对这一目标进行研发，以成功制定“后 5G”技术的新标准。“后 5G”网络将在 5G 网络的基础上提升自动驾驶汽车、远程医疗等应用的稳定性。日本运营商预计在 2025 年实现“后 5G”网络的商业化。

无线通信能够实现高速传输和超大容量，主要是基于以下 3 种技术：

- 使更多电波在空间中叠加传输；
- 使用更宽的传输路径传输电波；
- 把更多的信息放在电波上进行传输。

日本研发的“后5G”技术是基于第一种技术路径实现的，其相当于实现了5G网络的11个电波在空中叠加传输。“后5G”技术使用的是圆形天线，将电波旋转成螺旋状进行传输。此外，“后5G”技术的频率将达到25GHz，这一频率约为5G频率的30倍。

“后5G”技术虽然距离实用和商用阶段还有很漫长的一段路要走，但“后5G”时代一旦实现，其应用前景非常可观。

5G已来，6G还会遥远吗

技术的迭代和更新是必然的。5G已然来临，可以预见，6G也将不会遥远。虽然5G目前还处于商用普及阶段，但人们对6G的畅想和研究已经开始了。

那么，究竟什么是“6G”呢？与5G相同，6G也是移动通信技术之一，是5G系统的进一步延伸，被称为“第六代移动通信技术”。6G与5G相比，其传输能力可能比5G提升100倍，网络时延的特点也将在5G的基础上进一步提升，从5G的毫秒级到微秒级。

6G网络将使用太赫兹（THz）作为频段单位，频段范围为100GHz～10THz，是一个频率比5G高出许多的频段。移动通信技术发展的每个阶段，从1G到5G，我们使用的无线电磁波的频率都在不断提升。因为频段越高，允许分配的频谱范围越大，单位时间内所能传输的数据量越大，这也就是我们平常所说的“网速变快了”。

6G网络的密集程度也是前所未有的，因此在6G时代，我们周围将充满小基站。影响基站覆盖范围的因素有很多，如信号的频率、基站的发射功率、基站天线的挂高等，这些都可以影响基站的覆盖范围。

以信号的频率来讲，频率越高则波长越短，所以电磁波信号在遇到障碍物时，如果该障碍物的尺寸与电磁波信号的波长相接近，电磁波信号就会从该障碍物的边缘绕过去，这样电磁波信号的穿透能力就会变差，损耗也会变大。这一点，我们可以打个比方。将电磁波信号看作汽车轮胎，将障碍物比作公路与轮胎之间接触时产生的摩擦力。当公路是柏油路时，汽车轮胎与公路之间的摩擦力相对较小；当公路是石子路时，汽车轮胎与公路之间的摩擦力将会明显变大。同一辆汽车、相同的轮胎，行驶在柏油路上比石子路上的摩擦力要小、轮胎磨损较轻，这样在轮胎磨损坏之前，在柏油路上行驶的路程自然会远一些。6G 的信号频率已经达到了 THz 级别，基本接近分子转动能级的光谱了，很容易被空气中的水分子吸收掉，所以在空中传播的距离没有 5G 信号那么远。这也正是 6G 需要建立更多基站的原因。

6G 时代，将是一个地面无线与卫星通信集成的全连接时代，通过将卫星通信与 6G 网络的相互融合，实现全球无线信号的无缝覆盖，全球任何一个角落，即便是偏远的山区、乡村都会布满 6G 网络。这样，住在山区的病患就不必跋山涉水到大城市的医院治疗疾病，可以通过远程医疗方式就诊，有效节省了病患的就诊时间，使病患的生命安全在最短的时间内、以更高效的方式获得了保障。

除此以外，在全球定位卫星系统、通信卫星系统、图像卫星系统与 6G 网络的协同下，可以实现地空网络全覆盖，能够帮助人类有效进行天气预测，帮助人们快速预测自然灾害，并做出科学、合理、精准的应对措施。

这些就是未来 6G 网络存在的意义和价值。当然，6G 网络的应用并不仅限于此，更多的应用场景和更大的应用空间还有待进一步去探究和开发。

“后5G”时代，人类生活展望

人类总是喜欢对未来的生活和发展进行憧憬与展望，希望自己未来的生活能够变得更加美好。有憧憬、有展望、有梦想，人类才会为了理想中的美好而不断探索和奋斗，最后才能梦想成真。

进入“后5G”时代，人类将会以什么样的方式生活？生活将会发生哪些巨大的变化？这些都是我们非常好奇的，也是值得我们进行深入探讨的话题。

一机在手，万物无忧

生活中，几乎人人都在使用手机，无论是购物还是出行，无论是医院挂号还是旅游住宿，无论是社交还是娱乐，都通过手机上的App操作完成。因此，手机已经成为时下人们日常生活的一部分。

智能手机的不断普及，使人手至少一部手机成为标配。再加上用户在使用智能手机时所带来的美妙体验，包括便捷性、便携性、即时性、精准性，都为智能手机的进一步发展提供了很好的契机。

5G时代，智能手机将迎来重大变革：

■ 基带芯片的复杂程度和价值有所提升；

■ 终端天线发生重大变革，将采用AiP天线；

■ 光学装备将持续升级，三摄等创新不断涌现，5G+3D Sensing应用将加速AR应用的普及；

■ 智能手机的传输速率大幅提升，应用场景不断拓展。

智能手机与 5G 网络接轨，便被赋予了超乎想象的功能，这一切为 5G 真正进入商用阶段做了准备。当 5G 商用阶段真正来临时，5G 智能手机便能够很好地发挥自己的功能和优势，成为一个万物互联的控制平台。在 5G 时代，智能手机充当了非常重要的角色。可以说，一机在手，万物无忧。

人脑与芯片互联互通

一直以来，人类都是地球上最高级的生物，并且成为地球的统治者。人类之所以能有这样的自信，关键就在于我们拥有思维能力、语言能力，这些要比其他动物更胜一筹。然而，无论是思维能力还是语言能力，都是由大脑支配的。

人类的大脑好像是电脑的 CPU 一样，能够接收、存储、分析和判断外界信息，同时还能将信息回传出去，从而完成信息的感知和传输。

然而，在大脑进行信息传输的整个过程中却有一个瓶颈——信息转换速度慢。

人的五官，口、耳、眼、鼻、舌接收到外部信息之后，会将这些信息通过神经传输给大脑进行存储，然后再经过大脑的进一步识别、分析和判断，把正确的信息传送到肢体，肢体在接收到信息之后便按照信息指令做出相应的反应和行为，然后再将大脑想要表达的信息通过网络回传给终端设备，或者直接传达给最初的信息发出者。在整个过程中，看似信息一进一出，实际上却经历了识别、分析和判断等多次转换，极大地影响了信息传输的速率。

面对这样的问题，科学家的梦想是：突破外界感官的限制，直接将外界信息与人的大脑相连，而实现这一点的关键就是在人脑中植入高科技芯片，插入电极线。这样，芯片与大脑融为一体，脑细胞和电极融为一体，在脑细胞中存储的知识、记忆、梦境等都可以自由地在大脑和芯片之间进行转移和复制，甚至可以自由提取。如果这些都能变为现实，那么，未来人类不再需要从小开始进入一个漫长的学习过程来掌握自己想要的知识。

这种高科技人脑芯片可以实现网络互连，并且能够访问各种搜索引擎，当我们在思考某些特殊想法时，人脑芯片将为我们快速提供答案。目前，许多科学家正在致力于开发这样的人脑芯片。

早在2018年，美国国防部高级研究计划局就开始了这方面的研究，目标是使军队士兵通过脑波发送和接收信息。这就意味着，未来，人类可以通过自己的意念来控制无人机、网络防御系统和其他技术。

这样的应用场景听起来颇有科幻小说的感觉，但是这种高科技芯片植入大脑的方式可以对大脑进行重塑。届时，信息传输不再是通过传统的思维模式进行，也不再是通过五官感知，不再需要大脑进行存储、分析、判断等一系列烦琐的工作。一切都将变得简单化、快捷化，速率将成千万倍地提升。

虽然这样的信息传输方式给人以炫酷感，但同时也会酝酿新的社会不平等，包括智力水平、个体地位的不平等，并且会造成个体之间出现差异化。

无论怎样，随着科技的不断进步，未来人类社会的发展终将与现在大不相同。